개발도상국
보건위생

Sanitation and
Hygiene, Toilet

※ 이 책의 모든 인세는 국제기부단체에 기부되어 개발도상국을 위해 쓰일 예정입니다.

개발도상국 보건위생

Sanitation and
Hygiene, Toilet

———

손주형 지음

— 머리글 —

5년이란 시간이 지나 이 책을 마무리한다.

수처리(water treatment)에 관련된 것을 처음에는 적다가 "깨끗한 물은 결국 수자원이 보호되는 깨끗한 지역적인 환경에서 나오고, 지역 환경에서 수질에 가장 중요한 것은 화장실"이라는 생각에 화장실로 방향이 바뀌었다.

5년 동안 진도가 나가지 않던 이 책을 마무리하려고 마음먹은 것은 코로나 때문이었다. 코로나로 인해서 우리 사회가 현재 가장 필요한 것은 보건위생이 되어버렸다. 물론, 화장실 개선이 코로나에 걸리는 것을 막아주지는 못하겠지만, 질병에 걸리지 않는다면 개발도상국에서는 많은 노동력 확보가 가능하고, 유아나 어린이들이 더 오랫동안 생존할 수 있는 환경이 될 것이고 깨끗한 보건위생은 개인과 마을 단위의 발전을 이룰 것이다.

보건위생에 관련된 것을 적으면서 가장 어려웠던 점은 한국어로 표현할 만한 적당한 단어가 없다는 것이다. 한국의 보건위생 발전은 급격한 경제성장으로 화장실 문화가 너무 빨리 훌륭한 보건위생 환경을 가지게 되었다.

우리나라는 재래식 화장실을 만들어서 활용한 기간이 너무나 빨리 지나가 버려서, 이론적으로 화장실에 관한 자료가 정리되기도 전에 수세식 화장실과 깨끗한 보건환경 기반을 갖추게 되었다. 이 책을 적으면서 국내에 자료가 없기 때문에 국내의 자료보다는 많은 해외원조기관이나 프로젝트들에서 활용하는 자료들과 책자를 활용할 수밖에 없었다.

나는 식수개발을 주로 한 사람으로 실제로 화장실을 만들어본 적도 없다. 다만, 해외에서 다양한 화장실을 보면서 종류가 너무나 많다는 생각과 방치된 화장실을 볼 때, 처음에 설계한 사람이 잘못된 방향으로 접근한 것을 안타까워했다.

이 책은 자세히 깊이 들어가기보다는 다양한 분야의 개요를 중심으로 간단히 소개하였다. 이 책을 보시는 분들은 화장실을 설치할 때 이런 것도 고려해야 되는구나라는 것을 생각하는 계기가 되었으면 한다.

여기에 적힌 대부분의 내용들은 해외의 많은 책자와 인터넷 자료를 참고하였다. 내가 적는 내용들은 요약에 불과하고, 정말 좋은 정보들은 참고 문헌에 있다. 공부를 하면서 찾은 도움이 될 만한 자료들은 모두 개인 블로그에 수록해 놓았다.

그리고 요즘은 온라인 강의나 유튜브(Youtube)에도 아주 많은 영상들이 올라와 있다. 영어로 검색만 해도 개발도상국에서 올린 유용한 동영상 자료가 넘쳐난다. 해외의 많은 동영상이나 참고 문헌들을 조금만 공부하면, 올바른 접근이 가능할 것이다.

직장을 다니고 있는 관계로 할애할 수 있는 시간이 많지 않았고, 간접적으로 자료를 찾아서 지식을 쌓아 나가는 것에 많은 어려움과 많은 시간이 걸렸다.

이 책을 적어 나가면서 가장 큰 고민은 나같이 경험이 없는 보건·위생 화장실 분야의 비전문가가 화장실에 관련된 책자를 만드느냐는 것이 과연 옳은 일인가 였다. 아마 해답을 내리지 못한 5년 동안 마무리하지 못한 가장 큰 이유였을 것이다.

이 책을 마무리하면서 아직도 식수 개발을 하는 사람이 화장실을 언급하는 것은 주제 넘는 일이라고 생각하지만, 나의 노력과 자그마한 지식들이 개발도상국의 화장실이나 보건위생을 생각하는 분들과 지식을 공유하는 기회가 되었으면 좋겠다는 바램을 가진다.

2021년 7월

목차

제6장 | 수상 화장실 _ 153

제7장 | 장애인 화장실 _ 163

표 목차

그림 목차

제1장

개요

1.1. WASH(WAter Sanitation, and Hygiene)의 정의

개발도상국에서 수인성 전염병 및 설사 등의 발생률을 줄이기 위해서는 크게 보건, 위생, 식수의 개선이 필요하다. 이러한 개선 노력들은 안전한 생활환경을 제공하고, 영유아 사망률을 낮추고, 설사 등 질병으로 인해서 발생하는 손실을 줄일 수 있다.

개발도상국에서 물과 보건위생을 합친 WASH(물(WAter), 위생(Sanitation), 보건(Hygiene))란 약자가 널리 사용되고 있고, 많은 개선 프로젝트들을 진행하고 있다.

일반적으로 우리는 보건위생 향상을 통해서 질병이나 삶의 질을 개선시킬 것이라고 이야기한다. 보건(sanitation)과 위생(hygiene)이란 단어를 구체적으로 살펴보면, 위생은 사람에 관한 것으로 손 씻기 등을 통해서 자신의 몸과 주변을 청결하게 함으로써 각종 질병이나 바이러스 등을 예방하는 것이다. 보건은 장비나 시스템에 관한 것으로 화장실, 쓰레기, 식수 등의 외부에서 발생하는 병의 발생을 저감시키는 것을 말한다.

보건과 위생의 단어는 엄밀히 다른 의미를 가지지만, 보건과 위생은 분리해서 생각하거나 실천할 수 없는 것이다.

세계보건기구(WHO, 2004)에 의하면 가정용 식수정수 시스템을

<그림 1.1> 물을 통한 질병 발생 경로
(Modified from Community Guide to Environmental Health, 2012)

통해서 설사를 35~39% 저감시킬 수 있고, 보건(sanitation)의 개선을 통해서 설사를 32%를 저감시킬 수 있다고 한다. 또한 손 씻기, 위생교육 등의 위생(hygiene) 개념의 도입으로도 설사를 45% 저감시킬 수 있다.

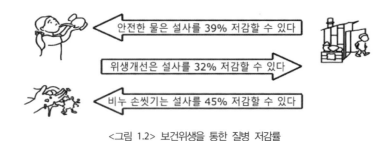

안전한 물은 설사를 39% 저감할 수 있다

위생개선은 설사를 32% 저감할 수 있다

비누 손씻기는 설사를 45% 저감할 수 있다

<그림 1.2> 보건위생을 통한 질병 저감률

1.2. 용수(Water)의 개선

개발도상국에서 보건위생 분야 중 가장 시급한 사항은 안전한 용수와 식수를 가지는 것이다. 생활용수와 식수는 보건위생의 기본이 되는 것으로서, 깨끗한 환경에서 생활하고, 최소한의 안전한 식수를 음용하는 것으로도 다수의 질병들을 예방할 수 있다.

1.2.1. 필요수량

세계보건기구(WHO)에서는 일반적인 기온 조건하에서, 극한 조건에서 사람이 견딜 수 있는 최소 필요수량은 일인당 7.5ℓ/일이다. 응급 상황에서 필요한 수량은 일인당 15ℓ/일, 최소한의 보건위생을 보장받을 수 있는 수량은 일인당 20ℓ/일로 제시하고 있다.

<표 1.1> 필수 필요수량

용도	필요수량(ℓ/일)	내용
생존(음용, 음식)	2.5~3	기후와 개인의 생리
기초 보건	2~6	사회문화적, 통념적 규범
기초 음식물	3~6	음식의 종류 및 사회문화적 규범
계	7.5~15	

출처: Adapted from Sphere and WHO(2011) Guideline for drinking-water quality

인간이 생존하기 위한 필요수량은 조금씩 차이가 있으나, 최소 7.5ℓ/일의 물이 있어야 되는 것으로 나타난다. 물론, 비가 많이 내리는 지역, 사막 등을 구분하면 많은 차이가 있고, 어린아이와 어른 등의 지역 및 개인차가 많이 존재한다.

우리가 용수의 필요수량을 산정할 때 확보된 수원(water source)의 양에 대비하여, 물을 마실 사람의 숫자에 필요수량을 곱하면, 필요수량에 대한 어떤 정수방식을 취할 것인지에 대한 인자가 나올 수 있다.

필수 필요수량은 <표 1.1>과 같다. 제시된 숫자는 지역마다 차이가 있으므로 적용에는 수요자의 특징 및 상황을 고려하여 산정해야 한다.

<그림 1.3>은 필요수량의 위계로서 매슬로의 욕구 위계(Maslow' hierarchy of needs) 방식을 따라서 만들어졌다. 최소한의 단기생존을 위해서는 식수 및 음식, 보건용수로 20ℓ/일 물이 필요하지만, 중기적으로는 70ℓ/일이 필요하다. 장기적으로는 그 이상의 필요수량

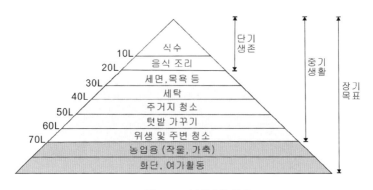

<그림 1.3> 필요수량의 위계

을 적용할 수 있다.

지역마다 음식·주거·생활습관에 따라 차이가 나므로 지역의 특성을 고려해야 한다. 실제 국내 사례를 에로 들면, 환경부(2016)의 상수도 통계에 따르면 상수도 일인당 보급량은 335ℓ/인/일이고, 상수도 평균 사용량은 282ℓ/인/일이다. 상수도 일인당 평균 사용량으로 서울특별시 286ℓ/인/일, 전라남도 246ℓ/인/일, 충청북도 364ℓ/인/일로서 지역마다 많은 차이가 난다. 국내 농촌의 경우 연령과 가축사육 여부 등에 따라 필요량이 차이가 난다.

각각의 국가마다 일인당 필요수량 및 계획수량을 정하고 있다. 그렇지만 개발도상국의 경우에는 국가의 발전에 따른 차이가 있지만, 일인당 50~70ℓ/인/일 정도로 수량을 공급하고, 위생학적으로 안전한 식수를 공급하기 위해서 약 5ℓ/인/일 정도를 권장한다.

실제로 미생물을 죽이는 정수과정의 경우에는 음식을 조리하는 과정에서 열이 가해져, 미생물이 살균되는 효과를 가질 수 있으므로, 필요수량은 점점 작아질 수 있지만, 원수의 상황에 따라서 가정에 정수하는 양을 설계하면 된다.

1.2.2. 용수의 공급

모든 식수는 비에서부터 시작되어 다양한 단계를 거쳐 공급된다. 하늘에서 내린 비가 땅속에 들어가서 토양이나 암석에 따라서 변하기도 하고, 계절과 장소에 따라서 수질이 변하기도 한다.

하늘에서 내린 비가 지표나 땅속에서 접촉하는 많은 단계에 따라서 수질에 영향을 받는다. 예를 들면 땅속을 통과한 물이 토양이나 암석에서 자연적인 오염원에 의해서, 비소, 불소, 철, 망간 등에 오염될 수 있다. 또한 인간들의 활동에 의해서 배변이나, 쓰레기 집하장, 수원 근처에서 살포되는 농약, 비료나 공업단지 주변의 화학물질 폐기장 등에 의해서 오염되기도 한다.

용수의 공급을 위해서는 다양한 용수원을 개발하여 적극적으로 활용하는 것이 필요하다. 또한 이러한 용수원에서 깨끗한 처리를 해서 공급하는 것이 필요하다.

식수개선은 광역적으로 마을 단위나 중앙에서 수처리 하는 중앙 및 마을 수처리(centralized or community water treatment)를 통해서 파이프로 상수도 형태로 가정에 공급함으로써 이루어질 수 있고, 원수(source water)를 단일 가구나 복합 가구에서 이용하는 경우에는 규모를 크게 하는 수처리보다는 소규모의 수처리인 가구 단

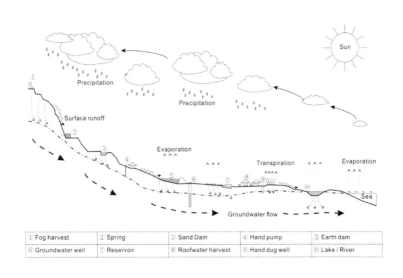

| ① Fog harvest | ② Spring | ③ Sand Dam | ④ Hand pump | ⑤ Earth dam |
| ⑥ Groundwater well | ⑦ Reservoir | ⑧ Roofwater harvest | ⑨ Hand dug well | ⑩ Lake / River |

<그림 1.4> 다양한 용수 개발 및 공급 형태

위 수처리(household water treatment)를 할 수 있다. 일반적인 용수공급 수처리는 중앙 및 마을 수처리(centralized or community water treatment)나 가구 단위 수처리(household water treatment)의 2가지 방법 중에서 지역 실정에 맞게 적용하는 것이 필요하다.

모든 사람들이 중앙에서 깨끗하게 수처리 된 안전한 물을 파이프를 통해서 집에서 사용하고 싶지만, 대부분의 개발도상국에서 중앙 수처리 시스템이 예산 등의 이유로 설치되지 못하고 있다.

위험성이 제거된 안전하고 깨끗한 용수를 공급하기 위한 다양한 방법이 있다.

수원보호(water source protection)에서부터 정수처리(water treatment)를 하고, 안전한 보관(safe storage)으로 이르는 단계로 용수의 안정성을 높일 수 있다.

안전하지 않은 식수의 위험을 제거하기 위해서 다중단계접근법(multi-barrier approach)을 이용할 수 있다. 수처리 기술은 비용을 많이 들여서 완벽하게 저감할 수 있지만, 다중단계접근법은 적은 비용으로 각 단계별로 가정이나 마을에서 적절하게 적용할 수 있는 시스템이다.

1단계 - 수원 보호(water source protection)
2단계 - 침전(sedimentation)
3단계 - 여과(filtration)
4단계 - 살균(disinfection)
5단계 - 안전한 식수 보관(safe water storage)

5개의 단계가 있지만, 깨끗한 수원이 있는 곳에서는 1단계의 수원 보호가 크게 필요하지 않다. 부유물이 없거나 깨끗한 물일 경우에는 4단계인 살균만으로 미생물 오염을 저감할 수 있다. 깨끗한 지하수나 미생물이 없는 상수도일 경우에는 5단계인 안전한 보관만 하면 된다.

<표 1.2> 식수의 다중단계접근법(multi-barrier approach)

구분	설명
수원 보호 source protection	원수의 수질을 보호하여 최상의 원수를 얻도록 함
침전 sedimentation	액체 속에 있는 물질이 밑바닥으로 침전됨
여과 filteration	여과기의 틈을 이용하여 액체 속에 있는 침전물이나 입자를 걸러냄
살균 disinfection	세균 등 미생물을 화학적 및 물리적, 생물학적 방법을 이용하여 살균함
보관 safe storage	정수되었거나, 원수를 오염이 되지 않도록 저장함

1.2.3. HWTS(가구별 수처리 및 안전한 보관)의 개요

안전한 용수의 공급은 마을 단위나 지역 단위로 할 수 있지만, 개발도상국에서는 안전한 용수공급이 어려우므로 개인 보건위생을 위해서는 가구별 수처리가 중요하다. 개발도상국에서 마을 단위의 상수도 개념은 정부가 부담하는 역할이 많아, 많은 예산이 소요되므로, 개인 보건위생을 위해서는 가구별 용수처리 및 안전한 보관(HWTS)이 현실적으로 적합한 방법이다.

일반적으로 HWTS는 Householder Water Treatment and Safe Storage(가구별 수처리 및 안전한 보관)의 약자로 보건의료 분야에서 널리 사용하고 있다.

<표 1.3> HWTS(가구별 수처리 및 안전한 보관)의 장점과 한계

장점	한계
- 중앙수처리(central water treatment)에 비해서 빠르게 이용할 수 있다. - 공공적인 불신에 비해 개인적인 행동으로 신뢰할 수 있다. - 보건위생교육 등을 통해서 시작할 수 있다. - 가구에 가장 적절하고, 간단한 방법으로 기술이 발달되어 있다. - 이동과정이 짧아서 이동과정의 오염의 위험성을 저감할 수 있다.	- 모든 이용가구가 운영과 관리의 정보 및 지식을 알아야 한다. - 대부분 화학적 오염보다는 생물학적 오염을 저감하는 기술로 개발되어 있다.

오래전부터 개발도상국에서 HWTS는 보건위생을 향상시키는 중요한 정책도구로 인식되고 있다. 많은 가구에서 식수의 맛이나 외관상 형태를 향상시키기 위해서 다양한 방법이 사용되어 왔다. 국내에서도 숯을 이용하거나, 물에 있는 토양입자나 모래 등을 걸러내거나, 천을 이용해서 떠 있는 다른 부유물질을 제거하는 방법 등을 이용해 왔다. 또한 미생물 제거에 대한 이론이 완벽하지 않을 때에도 물을 끓여서 먹는 등의 다양한 방법으로 안전한 식수를 마시기 위해서 노력해 왔다.

HWTS의 장점은 깨끗한 물을 받을 수 없는 가난한 가구에서 다양한 방법으로 질병 위험을 줄일 수 있다. HWTS는 집에서 가족들이 직접 마실 물을 스스로 정수 처리함으로써 보다 믿을 수 있는 식수가 될 수 있다는 것이다.

또한 HWTS 처리 시스템은 비용이 저렴하고, 필요한 물의 양만 정수처리를 함으로써 가구에 큰 부담이 되지 않는 방법이다.

다만 HWTS는 대부분 화학적인 문제까지 완벽히 처리하기보다는 생물학적인 오염을 저감하는 방향으로 만들어져서, 비용이 많이 소모되는 최선의 방법이 아닌 개발도상국 현실에 적정한 기술로 받아들여야 하는 한계점이 있다.

1.2.4. 수질 영향인자

육안으로 볼 때 물이 깨끗하다고 할지라도 그 물이 마실 수 있는 안전한 물이라고 보장할 수 없다.

수질에 영향을 미치는 인자는 물리적, 화학적, 생물학적 인자 세 가지로 구분할 수 있다. 각각의 인자와 관련된 수질요소는 <표 1.4>와 같다.

<표 1.4> 수질인자와 수질요소

수질인자	수질요소
Physical (물리적)	Temperature(온도), Turbidity(탁도), Color(색), Taste(맛), Odor(냄새), TDS(총용존고용물), Etc.
Chemical (화학적)	Minerals(무기물), Metals(금속류), Chemicals(화합물) Iron(철), Arsenic(비소), Ammonia(암모니아), Nitrate(질산염), Manganese(망간), Lead(납), Fluoride(불소) 등
Bacteriological (생물적)	Bacteria(세균), Virus(병균), Protozoa(원생동물), Worms(연형동물)

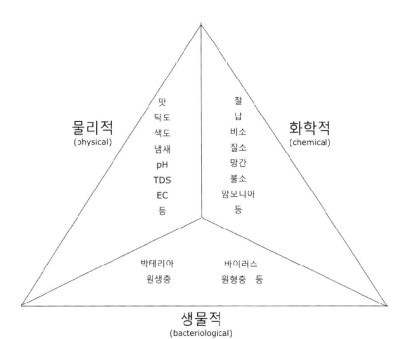

맛
딕도
색도
냄새
pH
TDS
EC
등

물리적
(ohysical)

철
납
비소
질소
망간
불소
암모니아
등

화학적
(chemical)

박테리아
원생충

바이러스
원형충 등

생물적
(bacteriological)

<그림 1.5> 수질인자 구분

가. 미생물학적 수질인자

일반적으로 물에는 보이거나 보이지 않는 다양한 생물체가 포함되어 있다. 어떤 생물체는 무해하기도 하고, 어떤 생물체는 인체에 해를 끼쳐 질병을 일으킨다. 질병을 유발하는 생물체를 병원체 또는 병원균(pathogens)이라고 한다.

우리는 이러한 병원균을 미생물, 벌레, 세균, 바이러스 등 다양한 이름으로 부르기도 한다. 병원균은 크게 4가지로 박테리아(bacteria), 바이러스(viruses), 원생생물(protozoa), 연충(helminth)으로 구분할 수 있다. 원생생물(protozoa)은 유글레나, 집신벌레, 아메

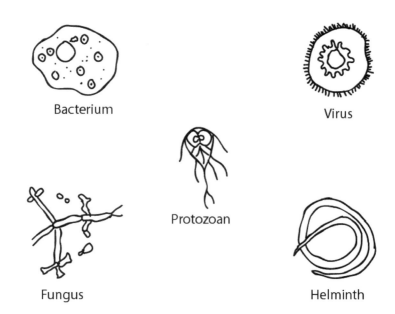

<그림 1.6> 병원균의 모식도
(Modified from MAYO Foundation for Medical Education and Research)

바 등으로 익숙하거나 익숙하지 않은 많은 생물체를 지칭하기도 하고, 연충(helminth) 중에는 회충, 구충, 편충 등의 기생충들이 잘 알려져 있다.

전 세계적으로 병원균이 포함된 물을 마시는 것이 유아사망률에 큰 영향을 미치고 있다. UNDP(2006)에 따르면 매일 4,500명의 어린이가 병원균에 의한 설사나 질병 등으로 인해서 죽어가고 있다고 한다. 병원균은 마시는 식수에 포함되어 있지 않더라도, 부적절한 보건위생 시스템으로 인해 제거되지 않고, 남아 있는 병원균에 노출되어 설사 등의 질병이 발생할 수 있는 환경들이 존재한다.

우리가 일반적으로 어떤 사람이 병에 걸릴 최소한의 병원균 수를 감염수량(infectious dose)이라고 한다면, 4가지의 병원균으로 구분하여 발병의 위험을 각각 산출할 수 있다. 일반적으로 박테리아(bacteria)가 다른 세균(virus), 원생동물(protozoa), 벌레(warm)에 비해서 발병률이 높다.

이 의미는 박테리아가 다른 병원균보다 적은 개체수로도 병에 걸릴 위험이 높다는 것이다.

유아, 어린이는 어른에 비해서 더 높은 발병률을 가지고 있다. 똑같은 병원균이 있는 물을 마시더라도 몸무게나 신체의 내성 등 다양한 인자로 인해서, 유아나 어린이가 병에 더 취약하기 때문에 병원균에 의해서 병이 발병할 확률이 높아진다. 한 예로 개발도상국에서 설사에 의한 사망률의 90%가 5세 미만의 영유아이다 (WHO/UNICEF, 2005).

<표 1.5> 병원균의 분류

구분	크기	내역
연충 Helminth	$\sim$1000 μm	· Dracunculiasis(Guinea worm 메디나충) · 곤충 숙주의 애벌레(Larvae in insect host)
원생생물 Protozoa	$\sim$10 μm	· Cryptosporidium(크립토스포리듐), Entamoeba(엔트아메바), Giardia(지아르디아) · Can form resistant cysts(내성 낭종(물혹)을 생성할 수 있음)
박테리아 Bacteria	$\sim$1 μm	· E.coli(대장균), Shigella(시겔라), Vibrio(비브리오), Cholera(콜레라)
바이러스 Viruses	$\sim$0.1 μm	· Rotavirus(로타 바이러스), Poliovirus(소아마비 바이러스), Hepatitis A and E(A, E형 간염)

(1) 바이러스(Viruses)

바이러스는 가장 작은 병원균이다. 바이러스는 자기 스스로 증식이 불가능하기 때문에 다른 생명체를 이용하여 증식한다. 다른 병원체에 비해서 연구 비용이 비싸고, 어려워서 많은 정보의 축적이 더디게 이루어지고 있다.

어떤 바이러스는 물에서 발견되어 설사, A형 간염(hepatitis), E형 간염을 일으키기도 한다. WHO(2004)에 따르면 A형 간염은 개발도상국에서 매년 1.5백만 명의 사람들에게서 발병한다.

물에 살면서 모기를 매개체로 전해지는 바이러스들도 있다. 모기들이 옮기는 치명적인 병으로는 뎅기열(Dengue Fever), 일본뇌염(Japanese Encephalitis), 서나일열(West Nile Fever) 등이 있다. 대부분의 이런 병들은 열대 지역에서 마시는 물이 있는 곳에서 모기들에 의해 발생한다. 모든 바이러스 경로가 물을 포함하는 것은 아니지만, 물을 경로로 하는 바이러스에서 수인성 전염병 등이 발생한다.

(2) 박테리아(Bacteria)

박테리아는 바이러스보다 크지만, 아주 작은 미생물체로 사람이나 동물의 대변에서 흔히 살고 있다. 식수에 포함된 박테리아는 수인성 질환(water-related diseases)을 일으킨다.

가장 일반적인 수인성 질환은 설사, 콜레라, 장티푸스가 있다. 많은 국가들이 보건위생 식수 등의 기준을 통해서 콜레라가 많이 줄어들었지만, 아직까지도 개발도상국에서는 오염된 물이나 부적합한 물로 인해서 콜레라 발명 위험성은 여전히 존재하고 있다.

장티푸스도 부적합한 식수나, 오염된 물에 의해서 발병한다.

(3) 원생동물(Protozoa)

원생동물은 바이러스나 박테리아보다 크기가 크다. 원생동물은 기생충들로서 다른 생물에 기생하여 같이 살아간다. 숙주의 에너지와 음식물의 소비가 필요한 것이 가장 큰 약점이다.

아메바(amoeba), 크립토스포리듐(cryptosporidium), 지아르디아(giardia, 편모충의 일종) 등은 질병을 발병시키면서 물에서 발견되며, 열대국가에서 주로 발견된 아메바성 이질(amoebic dysentery)은 매년 약 500백만 명에게서 발병되기도 한다.

크립토스포리듐(cryptosporidium, 기생충의 일종)은 혹독한 환경 속에서도 숙주의 도움이 없이도 살 수 있다. 원생동물의 낭포(protozoa cysts)는 환경에 적응하면서 살 수 있다.

말라리아(malaria)를 발병시키는 병원균은 모기를 매개체로 전염되는 하나의 원생동물이다. 매년 1.3백만 사람들이 말라리아로 죽음에 이르며, 그중에서 5세 이하의 영유아가 90%를 차지한다. 사하라사막 이남 아프리카에서 대부분 발생하며, 매년 396백만 명이 말라리아로 고통받는다.

(4) 연충(Helminth)

연충은 병을 일으키는 작은 벌레의 일종이며, 다른 병원균보다 큰 또 다른 형태의 기생충이다. 대부분의 연충이 인간이나 동물의 분변을 통해 전달된다. 인간의 피부를 통해서 들어와서 숙주로 살기도 하고, 많은 벌레들은 몸에서 몇 년 동안 살기도 한다. WHO(2000)에 의하면 133백만 명의 사람이 벌레(worm)에 의해서 고통받고, 매년 9,400명이 죽는 것으로 예상하고 있다.

개발도상국에서 병을 일으키는 연충들은 회충(round worms), 요충(pin worm), 십이지장충(hook worms) 등이 있다.

연충은 달팽이를 숙주로 삼는 기생충에 의해 발생되는 질환으로 치사율은 낮지만 장기간 인간의 몸에 엄청난 해를 끼치며, 성장기 어린이일 경우, 발육부진, 지능저하, 인지능력 장애 등의 영구적인 해를 입히며, 성인의 경우에도 장기에 심한 손상을 입힐 수 있다. 이 기생충은 민물달팽이가 서식하는 어디서나 발견되며, 아프리카와 아시아 등의 개발도상국에서 2.1억 명이나 되는 사람들 몸속에 기생하고 있다. 기생충에 감염되면 몸이 극도로 약해지고 정상적인 사회생활이 어려워져 개발도상국에서는 사회기반에 영향을 미칠 수 있다.

민물달팽이의 대부분이 주혈흡충의 숙주가 되고 있다. 주혈흡충병은 다양한 감염경로를 가지고 있어서, 완벽한 기생충 퇴치 방법은 개발되지 않았다.

주혈흡충병(schistosomiasis)으로 알려진 흡충 편형동물(trematode flatworm)은 대규모 수자원 건설 프로젝트에서 만들어진 대형 댐이나 농업용수로 건설이 오히려 주열흡충충(bilharzia 빌하르츠 주혈흡충)의 서식환경을 만들 수도 있다.

물에 의해서 발생되는 수인성 전염병의 발생을 구분하면 <표 1.6>, <표 1.7>과 같다.

<표 1.6> 수인성 질병(Water relate diseases)의 분류

구분	내용
water-borne diseases 수생 질병	사람, 동물 또는 화학적 쓰레기 등에 의해 오염되고 더러운 물(dirty-water)에 의해 발생된 질병
water-washed diseases 세정 관련 질병 (or water-scarce)	깨끗한 물이 부족하고 위생이 열악한 환경에서 잘 발생하는 질병
water-based diseases 물기반 질병	동물의 기생충과 물속에서 생애 주기의 일부를 보내며, 수생생물(aquatic organisms)에 의해 수생한다.
water-related vector diseases 물관련 매개체 질병	벌레나 동물 등의 매개체로 전달되는 질병

<表 1.7> 수인성 질병의 원인과 해결책
(Water-Related Diseases: Transmission and Control)

Transmission Route 전송경로	Diseases 질병	Causes 원인	Control 제어
water borne (or washed) 수생	- cholera 콜레라 - typhoid 장티푸스 - dysenteries 이질	drinking faecal material 대변 관련 물질 섭취	improve water quality 수질개선
water washed 세정	- skin and eye infections 피부 및 눈 감염 - louse borne typhus 유행성 발진티푸스	lack of water for proper hygiene 적절한 위생관리를 위한 물 부족	- increase water, accessibility and reliability 물, 접근성 및 신뢰성 향상 - improve hygiene practices 위생습관 개선
water based 물기반	- schistosomiasis (penetrating skin) 주혈흡충증(피부침투) - guinea worm(ingested) 메디나충(섭취)	- pathogen requires aquatic environment for part of life cycle 병원균은 생애주기 중의 일부를 위해 수생환경이 필요 - eating insufficiently cooked aquatic species 덜 익힌 수생생물을 섭취	- control snail populations 달팽이 개체수 조절 - reduce surface water contamination 표면 오염수 제거
water related insect vector 물관련 매개체	- sleeping sickness수면병 - filariasis사상충증 - malaria말라리아	insects that bite or breed near water 물 근처에서 물거나 번식하는 벌레	- destroy breeding sites 번식지 파괴 - use mosquito netting 모기장 사용

adapted from Cairncross and Feachem(Tables 1.1, 1.2)

나. 화학적 수질인자

물은 인체에 유익한 화학성분을 가지고 있지만, 인체에 해로운 화학성분을 가질 수도 있다. 이러한 다양한 화학성분은 인체에 들어와 다양한 영향을 미치기도 한다. 화학성분 중에 자연적으로 나타나는 비소, 불소, 유황, 칼슘, 마그네슘 등은 지하수나 지표수가 함유하고 있다. 인간의 활동으로 인해서 나타나는 인위적인 화학물질로는 질소, 인, 살충제 성분 등이 있으며, 농업, 공업, 생활에 따른 다양한 화학성분이 물에 포함되기도 한다.

많은 화학성분들은 물에 포함되어 몸에 좋은 영향을 주기도 하고, 일부 화학성분들은 즉각적으로 발병하기도 하지만, 대부분의 화학성분들은 마시는 물에 의해서 오랜 기간 동안 몸에 축적되면서 다양한 증상으로 병을 일으키고 있다.

비소와 불소는 지질학적 및 지형학적인 영향으로 많은 개발도상국에서 관심을 기울이고 있는 자연적인 성분들이다. 질산염이나 질산성질소 등은 농업 등의 인위적인 환경에서 나타나는 특징을 가진다.

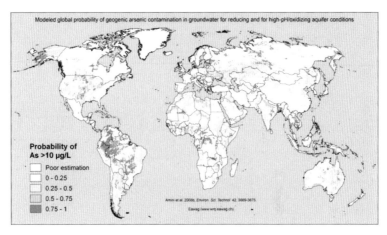

<그림 1.7> 세계 비소 분포현황

(Global arsenic probability map Amini et al., 2008b)

(1) 비소(Arsenic)

비소는 일부 지표수와 지하수에서 자연적인 기원으로 발생한다. 비소는 개발도상국에서 저렴한 비용이나 관리 측면에서 정수하기 어려운 화학적 수질인자 중의 하나이다. 30개 이상 국가의 강물이나 지하수에서 고농도의 비소가 나타나고 있어, 용수 이용에 어려움이 있다. 방글라데시는 전체 인구 중에서 25~45% 정도의 사람이 비소로 오염된 물에 노출되어 심각한 영향을 받고 있다. 아프리카나 다른 지역에서도 비소 농도가 높은 곳들이 있으나, 동남아시아 지역은 인구가 밀집된 지역을 중심으로 지질학적 요인으로 지표수와 지하수의 비소 농도가 높게 나오고 있어서, 어려움을 겪는 사람의 비율이 높다고 볼 수 있다.

비소로 오염된 물을 오랫동안 섭취할 경우에는 흑피증(melanosis)이라는 어두운 색깔의 반점이 가슴, 등, 손바닥 등의 피부에 생기기

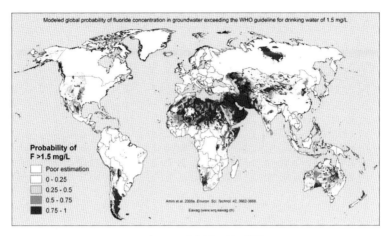

<그림 1.8> 세계 불소 분포현황
(Global fluoride probability map Amini et al., 2008a)

도 한다. 또한 피부 표피의 최상층에 있는 각질층이 증식·변화하여 까칠까칠해지거나 굳어지는 피부병인 각화증(keratosis)이 손바닥, 발 등에 발생하기도 한다. 비소로 오염된 물을 오랫동안 섭취하면 폐, 피부, 신장, 전립선에 암을 발생시키기도 한다.

비소는 혈관질환, 신경계, 유아의 발달장애 등에 영향을 미치기도 하지만, 현재까지는 비소의 독소를 치료할 직접적인 치료법은 존재하지 않으며, 비소 오염에 노출될 환경을 제거하는 방법밖에 없다. 유일한 예방법은 비소가 안전한 농도 이하로 된 물을 섭취하는 것이다.

(2) 불소(Fluoride)

불소도 일부 지표수와 지하수에서 자연적인 기원으로 발생한다. 소량의 불소는 치아 건강에 도움을 주기도 한다. 기준을 초과하는 양의 불소는 오히려 치아에 색깔이 들게 하기도 하고, 이에 조그마한 파인 홈을 생기게 하기도 한다. 불소는 사람의 뼈대를 강화시키기도 하고, 뼈에 손상을 가하기도 한다. 특히 유아는 성장하는 데 몸에 기준량을 초과할 경우 심각한 문제가 발생될 수 있다.

(3) 질산염과 아질산염(Nitrate and Nitrite)

지하수나 지표수에 질산염과 아질산염은 인위적인 화학성분이다. 질산염은 흔히 농업활동을 위한 비료에 의해 주로 발생된다. 아질산염은 식품 분야에서 햄, 소시지 등의 색소를 고정시키기 위해 이용되고 식품을 보관할 때 부패방지의 효과가 있어 식품첨가물로도 이용된다.

질산염은 자연계에서 일반적인 지하수에서 그 수치가 높지 않으나, 사람 또는 동물의 대소변이나 비료로 인해서 지하수가 오염될 경우 질산염 수치가 높게 나온다.

기준치 이상의 다량의 질산염이 포함된 물을 장기간 음용할 경우에는 입술 등과 같은 피부 및 점막이 암청색을 띠는 청색증(Methemoglobinemia)이 발병하기도 한다. 흔히 영유아에서는 블루베이비 증후군(Blue baby syndrome)에 걸리기도 한다. 이 아이들은 분유를 탈 때 사용되는 물이 질산염이 많이 포함되어 있는 경우에 발생하기도 한다. 블루베이비 증후군에 걸린 아이는 산소부족 현상으로 호흡곤란을 겪으며, 피부가 푸른색을 띠게 된다.

다. 물리적 수질인자

식수에서 물리적 인자는 우리가 가지고 있는 감각으로 인지가 가능하다. 탁도(turbidity), 색깔(colour), 맛(taste), 냄새(smell), 온도(temperature) 등이 있다. 일반적으로 양호한 물리적인 식수가 되려면 깨끗하고, 냄새가 없고, 뜨겁지 않고, 맛이 거북하지 않으면 된다.

(1) 탁도(Turbidity)

탁도는 외관상으로 볼 때, muddy, dirty, cloudy로 구분된다. 탁도는 물에 떠다니는 모래(sand), 실트(silt), 점토(clay)로 구성되어 있다. 탁도는 육안으로 볼 수 있는 것이므로, 일단 물이 깨끗하지 않다면 이물질이 많이 있어서 수질이 나쁘다는 것을 가장 먼저 알 수 있다. 탁도가 높을수록 병원균이 더 많을 가능성이 높고, 유해한 화학물질이 많이 있을 수 있으므로 질병에 걸릴 위험이 높아질 것이다.

탁도가 없이 깨끗하다고 할지라도 병원균이 존재하지 않는다는 것은 아니므로, 탁도가 없는 물이라도 눈에 보이는 이물질이 적다는 의미일 뿐, 생물학적이나 화학적인 부분이 안전하다는 것은 아니라는 것을 주의해야 한다.

탁도가 심하다면 생물학적이나 화학적인 수질이 나쁠 가능성이 높으므로 우선적으로 배제할 수 있는 척도가 된다.

(2) 색깔(Colour)

색깔이 있다고 해서 질병에 걸릴 확률이 높다는 것은 아니다. 색깔을 가지는 물은 특별히 성분이 많이 함유되어 있을 확률이 높으므로 조심해야 된다. 그렇지만 대부분 색깔의 경우에는 일반인들도 마시는 데 거부감이 크기 때문에 음용할 위험성은 적다.

현장에서 색깔이 나타나는 것은 다양한 원인으로 발생된다.

- 잎이나 나무껍질, 이탄(peat)과 같은 식물에 의해서 진갈색, 노 란색의 색깔을 띤다.
- 모래, 실트, 점토로 갈색 또는 적색이 이루어진다.
- 철은 오렌지나 갈색으로 세탁물을 오염시키기도 하고, 나쁜 맛 을 내기도 한다.
- 망간은 철과 비슷하게 검은색을 띠기도 한다.
- 박테리아들이 성장하여 검은색이 되기도 하고, 마셨을 때 질병 을 발생시키기도 한다.

(3) 맛과 냄새(Taste and Smell)

일반적인 물은 대부분 맛이나 냄새에서 큰 문제를 일으키지 않지 만, 냄새가 심하거나 맛이 이상한 경우에는 무엇인가에 오염이 되 었다는 것을 알기 쉽기 때문에, 맛과 냄새는 식수의 오염 여부를 판단하는 지시자가 된다. 맛과 냄새가 있다고 해서 모든 물이 질병 을 유발시키지는 않지만, 질병을 일으킬 확률을 가지고 있어, 대부 분 마시기를 꺼리는 경향이 있다.

- 조류(algae)나 박테리아(bacteria)가 있는 물은 불편한 냄새와 맛을 가지고 있다.
- 황화수소(hydrogen sulfide)가 있는 물은 썩은 달걀 냄새가 난다.
- 염소(choline)는 정수과정에 들어가기도 하지만, 특이한 맛과 냄새를 가지고 있다.

- 빗물은 지표수나 지하수에 비해서 맛이 전혀 없는 평이한 맛을 가지고 있다.

(4) 온도(Temperature)

일반적으로 따뜻한 물보다는 시원한 물을 마시기를 좋아한다. 가장 마시기 좋은 물의 온도는 4~10℃이다. 25℃보다 높은 물은 마시기 좋아하지 않는다. 일부 박테리아는 미지근한 물에서 성장하면서, 시간이 가면서 물의 냄새, 맛, 외관을 악화시킬 수 있으므로 주의가 필요하다.

미생물의 경우에는 물을 끓여서 음용할 수 있으므로, 물을 끓여서 마실 경우에는 생물학적인 유해성이 저감된다.

1.3. 보건(Sanitation) 개선

보건은 건강을 잘 지켜 온전하게 하는 행위로서 위생과 차이가 크게 없으나, 자신의 주변 쓰레기를 치우거나, 폐수처리, 도로청소 등으로 병에 감염되는 것을 방지하는 단계(process)나 행동이다.

보건은 질병예방을 위한 필수적인 요소로서 중요한 공공보건의 척도가 된다. 보건(sanitation)은 비위생적인 쓰레기나 버려지는 물건들, 사람들의 대소변 등과 밀접한 관련이 있다.

보건 분야에서 화장실(Toilet and Latrines), 하수도 및 폐수 관리 시스템, 쓰레기 처리 시스템 등 다양한 외부적인 요인으로 질병이 발생할 수 있는 것들을 개선함으로써 질병을 예방할 수 있다.

보건적인 측면에서 가장 복합적이고 집약적인 취약점이 나타나는 곳은 긴급 임시 대피시설이나 난민캠프이다. 지진, 전쟁, 대규모 난민 등으로 발생하는 긴급 임시 대피시설이나 난민캠프 같은 곳에서 발생할 수 있는 다양한 질병 등을 상상한다면 화장실, 쓰레기, 폐수와 같은 보건위생 개선이 필요하다는 것을 이해할 수 있을 것이다.

좁은 공간에 많은 사람들이 모여 살면서, 쓰레기, 화장실, 폐수들은 다른 사람들이 마시는 식수와 재배하는 작물, 생활용수 등에 문제를 일으키므로 질병 발생률을 높인다. 파인 홈이나 웅덩이 등이 많은 곳이라면 모기 서식을 방지하기 위해서라도 웅덩이를 메우는 보건개선 사업을 도입할 수 있고, 처해진 현황이나 지역, 문화에 따라서 보건에 관련된 항목은 변경될 수 있다.

다양한 보건 개선 사항을 찾으면 지역사회가 더 건강한 상태로 개선될 수 있다.

<표 1.8> 주요 보건 개선 항목

구분	내용
화장실	화장실 개선
쓰레기	마을의 청소, 쓰레기 매립장 설치
하수도(폐수)	하수도 시설, 폐수처리 시설

1.3.1. 쓰레기 매립

개발도상국에서 쓰레기 문제는 사회 전반에 관련된 문제이다. 도심 지역의 경우에는 공간이 좁고 청소 인력 투입이 용이해서 도로 청소 등에 인원을 많이 투입할 수 있지만, 시골 지역으로 갈수록 너무나 넓게 펴져 있어서, 청소 효율이 떨어지므로 도로나 마을 곳곳에 쓰레기들이 쌓이게 된다.

수거 시스템이 없는 지역들은 집에서 나온 쓰레기들을 소각이나 무단투기 등으로 쓰레기가 마을 곳곳에 쌓이는 현상이 발생한다.

쓰레기가 무분별하게 산재되어 있는 경우에는 마을 공동 정비사업이나 정기적 청소 캠페인 등을 통해 쓰레기의 체계적인 처리가

필요하다. 물론, 위생매립장처럼 불투수성 PVC나 비닐 등으로 차
수를 하고, 쓰레기를 위생적으로 매립한다면 좋겠지만, 소규모에서
위생매립이 불가능한 경우에는 점토나 마을에서 구할 수 있는 불투
수성 재료를 이용하여 매립하는 것이 필요하다.

쓰레기 분리수거, 재활용 등은 경제수준과 연계되는 것이므로,
개발도상국에서는 도입할 수 없는 곳이 많이 있다. 대도시의 경우
에는 수거와 재활용시설 운영 및 재활용 물질의 유통판로 등이 연
결되는 곳에서는 재활용이 가능하지만, 소규모의 마을에서는 마을
단위로 적정하게 매립을 우선적으로 도입해야 한다.

<그림 1.9>, <그림 1.10>은 쓰레기를 매립할 때 적정하게 사용
할 수 있는 방법이다. 마을의 전반적인 보건 상태를 개선하기 위해
서는 쓰레기 수거, 매립, 처리 등에도 많은 관심이 필요하다.

매립 쓰레기들이 지하나 지상의 환경에 피해를 끼치지 않으면서
외부로 노출되지 않는 것이 중요하다.

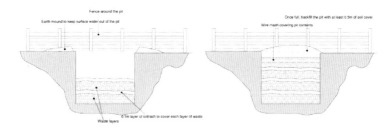

<그림 1.9> 평지 쓰레기 매립 방법
(Modified from Peter Harvey etc.(WEDC, 2002))

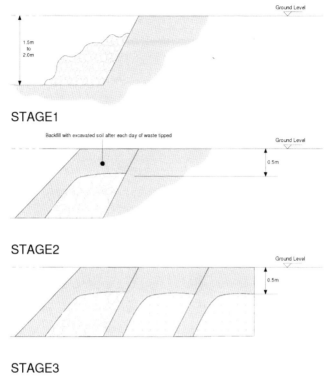

STAGE1

Backfill with excavated soil after each day of waste tipped

STAGE2

STAGE3

<그림 1.10> 경사지 쓰레기 매립 방법
(Modified from Peter Harvey etc.(WEDC, 2002))

1.3.2. 하수도 및 폐수처리

개발도상국에서 하수도 문제 해결에는 많은 예산을 필요로 하기 때문에 대도시 지역을 제외하고는 하수도 시스템이 설치되지 않은 곳이 많다. 전쟁, 경제적 위기나 소득수준의 후퇴 등으로 과거에 만들어진 하수도 시설들을 관리하지 못해 하수도 시설이 있어도, 제기능을 발휘하지 못하는 곳도 많이 있다.

특히 시골 지역의 경우에는 체계적인 하수도나 폐수처리를 설치하는 데 면적은 넓고 가구수가 적어서 어려움이 있다. 마을에서 사용하지 않는 지역으로 하·폐수가 나갈 수 있도록 마을 단위로 배수관로를 설치하거나, 가정마다 중수도 시스템을 도입할 수 있다.

공동하수구나 하수도의 관한 사항은 10장에서 설명했다. <그림 1.11>은 시골 지역에서 적용할 수 있는 중수도 시스템이다.

IMPORTANT: Greywater is never safe for drinking.
There are many different types of greywater systems (see Resources)
Any greywater system works best when:
 - it is easy to build and maintian.
 - grease, concentrated bleach, solvents,
   and other chemicals are kept out
   of the water.

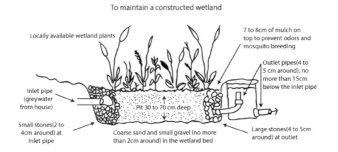

To maintain a constructed wetland

Locally available wetland plants

7 to 8cm of mulch on top to prevent odors and mosquito breeding

Outlet pipes(4 to 5 cm around), no more than 15cm below the inlet pipe

Inlet pipe (greywater from house)

Pit 30 to 70 cm deep

Small stones(2 to 4cm around) at inlet pipe

Coarse sand and small gravel (no more than 2cm around) in the wetland bed

Large stones(4 to 5cm around) at outlet

<그림 1.11> 가정용 간이 폐수처리 방법

(Modified form A Community Guide to Environmental Health(2012) www.hesperian.org)

1.3.3. 화장실

화장실 개선은 개발도상국에서 중요한 이슈 중 하나이다. 화장실이 없어서 집 주변이나 숲속 지역에 지속적으로 노상에서 배변을 할 경우 대변으로 인해서 마을 단위로 각종 오염이 발생한다.

사람들의 배변도 문제가 되지만, 가축의 경우에도 사람들이 마시는 물 주변에서 배변할 경우에는 비가 올 때 오염될 수 있다. 가축들이 물을 마시는 공간(cattle trough)을 사람들이 거주하는 지역에서 구분하여 가축들의 배변들이 비위생적으로 처리되지 않도록 해야 한다.

각 가정에서도 화장실을 만들어서 대변을 거름으로 이용하거나, 정화조와 같은 곳에 저장해서 수거 시스템으로 제거하는 방법 등 다양한 방법으로 처리가 필요하다.

<그림 1.12> 저수지에 설치된 공동화장실(캄보디아)

1.4. 위생(Hygiene) 개선

위생(Hygiene)은 건강의 보건·증진을 도모하고 질병의 예방·치유에 힘쓰는 행위로 정의된다. 위생은 거주하는 지역의 특별한 문화에 따라 다양한 방법으로 접근할 수 있다. 일반적인 행동은 정해진 방법으로 실천하고, 각자가 목표를 성취하도록 교육과 캠페인을 실시한다.

개인위생을 위해서는 단계적으로 행동하는 것을 교육하고 알려야 한다.

개인위생을 실천하는 방법으로는 손 씻기, 정기적 목욕, 유아나 어린이의 얼굴과 손을 씻기, 머리 감기, 이 닦기 등이 있다. 그 외의 다양한 방법을 보면 다음과 같다.

- 대변을 안전하게 처리해야 한다. 화장실 이용이 최선의 방법이다.
- 어린이를 포함한 모든 가정구성원이 음식을 먹기 전이나 유아에게 음식을 먹이기 전에 물과 비누로 손을 씻는다.
- 비누로 얼굴을 매일 씻음으로써 눈병 예방에 도움을 준다. 일부 국가의 눈병은 전혀 볼 수 없게 되는 트라코마(trachoma)라는 심각한 눈병을 일으키기도 한다.

- 안전한 수원이나 정수된 물을 사용하고, 적절한 보관용기를 이용하여, 물이 깨끗하게 보관될 수 있도록 한다.
- 익히지 않은 날것이나 음식물의 찌꺼기들은 위험할 수도 있다. 날음식은 깨끗하게 세척을 하거나 익혀서 먹어야 한다. 조리된 음식이라고 하더라도 상할 수 있으므로 재가열해서 먹어야 한다.
- 음식이나 조리기구, 조리장소를 청결하게 하고, 음식은 밀폐된 용기에 보관하여야 한다.
- 가구에서 발생한 쓰레기를 안전하게 처리함으로써 질병예방에 도움이 된다.

가구별 위생 실천 사항을 살펴보면 다음과 같다.
- 옷이나 침구를 세탁해야 한다.
- 바닥 물청소를 해야 한다.
- 적정한 음식 보관, 준비, 조리가 필요하다.
- 적정한 쓰레기 처리가 필요하다.

지역마다 각각 차이가 있기 때문에, 위생 개선할 항목을 계획할 때에는, 지역별 특화된 풍습이나 습관 등 주민들의 생활에서 위생 문제가 발생할 수 있는 항목에 대한 검토가 필요하다.
- 종교적인 의식이나 습관
- 여성의 개인적인 필요한 것들(목욕이나 화장실)
- 세탁하는 방법

위생을 개선하는 방법으로는 각 지역의 특성에 따라서 다양한 방법의 개선 사항을 교육하고 알려서 질병을 예방하도록 해야 한다.

1.5. 화장실 개선

일반적으로 화장실은 일반형 화장실(Simple Pit latrine), 환기개선 화장실(Ventilated Improved Pit latrine), 수세식 화장실(Pour Flush latrine) 등으로 다양하게 나와 있다. 지형 및 자연적인 특성과 예산 및 상하수도 등의 기반시설 현황, 화장실 관리주체 등을 복합적으로 고려하여 적정한 형태의 화장실로 개선할 수 있다.

화장실을 설치할 때에는 각 화장실이 가지고 있는 장단점 및 문화적 특성을 고려하여 설치해야 한다. 공동화장실의 경우에는 공동으로 이용하기 때문에 고장을 수리하고, 깨끗하게 유지할 수 있는 청소 문제는 필연적으로 나타난다. 초기에는 깨끗한 화장실이지만, 시간이 지날수록 아무도 관리를 하지 않고, 순번제로 돌아가는 청소당번이 청소를 멈추게 되면, 그때부터 청소를 잘 하는 다른 사람들도 청소 의지가 줄어들어서 점점 청소를 하지 않는 경향이 나타나게 된다. 또한 공동화장실의 경우에는 청소 횟수가 줄어들고, 이용량이 많아지므로 호스, 문고리, 밸브류 등에서 문제가 발생하더라도 수리를 미루게 되면 점점 청소가 불가능할 만큼 지저분한 화장실로 바뀌게 된다. 다른 시설물에 비해서 화장실은 깨끗한 시설물에서 지저분한 시설물로 가는 시간, 사용하는 인원과 청소하는 횟수와 연관성이 아주 높다.

또한 문화적으로 아직도 많은 국가와 지역에서 여성이 화장실 청소를 도맡아서 해야 되는 경우가 많이 발생하므로, 남성과 여성의 역할 분담 등에 대해서도 검토가 필요하다.

화장실에는 모기, 구더기 등이 서식하기 좋은 환경이 만들어지고, 수세식 화장실의 경우에는 물을 배출해야 되는 하수관로 시스템이 없는 곳에서 사용할 경우에는 더 많은 오염을 발생시킬 수 있으므로, 마을 특성을 면밀히 고려해야 한다.

대변을 바로 거름으로 사용할 경우에는 작물에 대장균 오염이 발생할 수 있으므로, 화장실은 지역 전문가와 충분히 상의하여 개선 작업을 실시하는 것이 중요하다.

제2장

화장실 설치 및 계획

일반적으로 사람들은 하루 약 1ℓ의 배설물(대변, 소변)을 발생시킨다. 대변에는 많은 세균이 있고, 병원균을 가진 사람의 대변이 물에 노출되어 증식환경에 놓이면, 인간의 대소변에 접촉된 물과 벌레 등을 통해서 많은 사람들에게 병원균을 전파시켜 질병을 발생시킨다.

보건위생 부문에서 가장 직접적인 개선 효과를 가진 것이 사람들의 대변과 소변이다. 적절한 화장실 설치와 대소변 처리로 주변 환경에 의한 질병을 저감시킬 수 있다. 기초적인 보건위생 교육들과

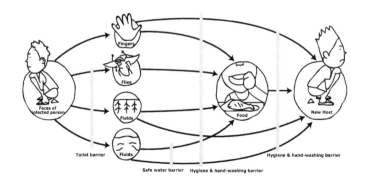

<그림 2.1> F-다이어그램
(Fecal and Oral route (F-diagram) Modified from Gilbert F. Lavides, 2014)

더불어, 화장실과 같은 기술적인 해결을 통해서 사회문화적이나 생활환경에 따른 질병 발병률을 낮출 수 있다.

화장실 설치에 따른 건강을 증진하기 위하여 다음과 같은 항목을 고려해야 한다.

- 화장실 사용자는 본인 배설물에서 분리되어야 한다.
- 마을 주민들이 배설물에 의해서 오염되는 물에 노출되지 않아야 한다.
- 모기, 파리 등의 유해곤충에 의해서 사람들의 배설물에 있는 병원균이 전파되는 것을 방지해야 한다.
- 대소변은 노출되지 않도록 묻거나 덮어 병원균이나 유해성이 노출되지 않도록 제거해야 한다.

사람들의 대소변 중에서 대변은 많은 병원균을 포함하고 있다. <그림 2-1>과 같이 많은 병들이 대소변의 확산에 의해서 일어난다. 대소변에 대한 부적절한 처리가 이루어졌을 때 배설물에 오염된 것들로 인해, 손과 입을 통해서, 설사, 콜레라, 장티푸스 등이 발병할 수 있다. 이러한 문제를 최소화하기 위해서는 화장실 개선, 배설물의 수집, 저장, 이동, 처리 등의 각종 과정을 필요로 한다.

2.1. 화장실 설치 검토 사항

개발도상국에서 보급되는 화장실은 다양한 인자를 검토해서 결정해야 한다. 선진국에서는 예산이 충분하여 여러 가지 형태의 화장실을 설치할 수 있지만, 개발도상국에서는 지형과 기후 등 제약조건이 많이 있으므로 선진국보다 더 많은 인자를 검토하여 화장실을 선택하는 것이 중요하다.

화장실을 결정할 때에는 인구의 밀집도나 인구수에 따라서 필요한 화장실 개수를 결정하고, 다양한 그룹의 사람들이나 남성·여성의 비율, 어린이와 성인의 비율, 장애인 비율까지 고려해야 한다.

화장실로 인해서 주변 환경을 오염시키고, 냄새와 문화적인 거부감을 가질 수 있는 사당이나 마을의 상징적인 장소나, 마을의 특징적 건물, 주거지, 식수대, 가축축사, 쓰레기장, 도로 등의 인공적인 환경을 마을지도에서 위치를 검토해서 결정해야 한다.

화장실 종류를 선택할 때 영향인자로서 지하수, 기반암, 토양, 지표수, 홍수와 같은 지형과 관련된 자연환경을 고려해야 한다.

화장실을 설치할 때 토질(Soil type)은 중요한 인자 중의 하나이다. 지반의 단단한 정도에 따라서 인력으로 땅을 굴착할 수 있는지를 판단한다. 모래가 많은 토양은 구덩이를 파기 좋다는 장점이 있지만, 구덩이에 있는 대소변으로 인해서 주변으로 오염 확산이 되기 쉽다는 단점을 가지고 있다. 점토 성분의 지반은 토양의 투수성이 좋지 않아서, 배설물로 인한 오염 가능성을 낮출 수 있다.

암반이 빨리 나오는 지역에서는 땅을 파서 설치하는 일반 화장실보다는 오히려 지반에서 화장실의 바닥을 높여서 만드는 계단식 화장실을 설치해야 한다.

땅을 파면 지하수가 얼마나 가까이 있는지를 나타내는 지하수위는 화장실 설치에 고려해야 할 중요한 인자이다. 지표면 아주 가까이에서 지하수가 나온다면, 땅을 파고 이용하는 구덩이(pit) 화장실(latrine)을 설치할 수 없다. 계절별로 비가 많이 내리는 우기와 건기에 지하수위가 변동될 수 있으므로, 지하수의 깊이를 고려할 때에는 연간 지하수위의 변동 여부 등을 면밀히 파악하여야 한다.

지역적인 우기 특성을 고려해야 한다. 화장실을 설치하고자 하려는 곳이 우기(rain season)에 홍수 등으로 범람 지역(flooding area)인지 아닌지를 파악해야 한다. 범람 지역에서는 화장실에서 발생하는 각종 쓰레기나 배설물을 보관하는 어려움이 발생한다. 많은 비가 내리는 범람 지역은 화장실로 물이 들어오지 않도록 배수로를 만들거나, 국지적인 강수 패턴과 홍수에 적응되도록 이미 마을에 적용되어 있는 지역적인 건축양식을 참고해야 한다.

화장실 주변에 저수지나 우물 등이 있는 곳 등 다양한 인자를 종합적으로 고려해야 한다.

자연환경이나 외적 요인과 더불어, 프로젝트 지역 화장실 이용문화나 종교적 풍습에 대한 이해가 필요하다. 화장실을 공동 사용하는 것에 거부감이 없는 지역에서는 공동화장실이 잘 운영될 수도 있겠지만, 공동화장실의 거부감이 큰 지역에서는 공동화장실을 설치할 경우에는 화장실을 사용하지 않고, 기존 배변 방식을 그대로 유지할 수 있다. 화장실 이용 특성과 더불어 화장실 관리에 대한 문화나 종교적 풍습에 대한 이해가 필요하다.

화장실을 설치하려고 할 때 사전 조사 항목은 <표 2.1>과 같다.

<표 2.1> 화장실 설치를 위한 사전 현장조사 항목

구분	내역
종교	
지역적 미신	
대변을 닦는 물질	물, 종이, 나뭇잎 등
대소변 사용 거부감	비료로 사용하는 데 거부감, 처리하는 데 대한 거부감
사용자 신체적 특성	사용 연령대와 키
장애시설 필요성	장애인 분포, 시설 필요 검토
대변습관 및 선호도	좌식, 쪼그리는 방식
사생활에 대한 습관	배변습관, 배변시간,
가족 관계성	사위와 장모가 동일 화장실 사용 등
직업 및 생활습관	식사습관, 설사주기, 음식물 구성, 직업에 따른 집에 거주시간 등
용수 접근성	물을 길어 오는 거리, 우기, 건기별 특성 포함
활용가능한 지역적 자재	강 인근은 모래, 돌이 많은 곳
가구 밀도	설치 지역의 가구 조밀도 및 분포 등
토양의 타입	설치 지역의 토양의 특성, 모래질, 실트질, 자갈 등
지하수위	우물의 지하수 높이(청문조사, 우기, 건기 포함)
기후	우기, 건기, 온도, 강수 특징
지역 기술자 존재 여부	우물기술자, 건축기술자, 오토바이, 자전거 수리 가능자
가족구성원 수 등	대가족, 소가족 등 가족별 구성원 수 및 특징
기존 보건습관	배변 후 손 씻기 여부, 빨래, 청소 등 보건습관
오폐수 방식	사용한 물 버리는 방식, 마을 하수처리 방식, 우기 시 배수로 등
용수오염 가능성	우물, 저수지, 쓰레기처리장, 축사, 가축사육두수
자재공급 용이성	슬래브, 목재, 시멘트, 물통 판매장소 및 시장조사
새로운 방식 개방성	변화된 화장실에 대한 수용가능성 등을 파악

2.2. 화장실 설치 위치

개발도상국에서 설치되는 화장실은 다양한 종류가 있으므로, 지역적 특성에 적합한 화장실을 선택해야 한다. 상수도와 오폐수 시스템이 있으면 수세식 화장실을 설치하면 되지만, 시골 지역이나 상하수도 시스템이 없는 곳에서는 지하수, 기반암, 토질, 지표수, 범람 등을 고려하여 화장실 종류 및 설치 위치를 결정해야 한다.

화장실을 설치할 지역의 자세한 정보가 없다면, 화장실 설치 위치의 암석과 토질에 따라 다를 수 있지만, 하천이나 강, 우물에서는 20m, 부엌과는 6m 이상의 권장 거리가 필요하다.

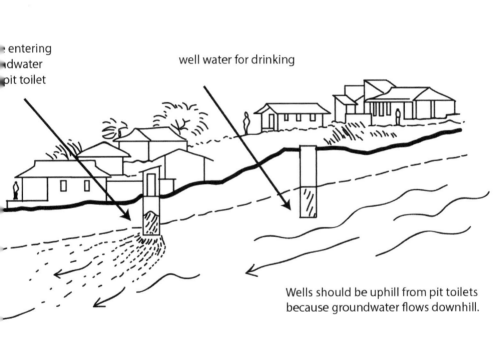

entering
dwater
pit toilet

well water for drinking

Wells should be uphill from pit toilets
because groundwater flows downhill.

<그림 2.2> 화장실과 지하수의 오염 영향

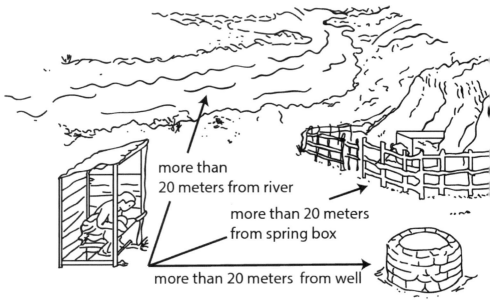

more than
20 meters from river

more than 20 meters
from spring box

more than 20 meters from well

A toilet should be at least 20 meters from water sources.

<그림 2.3> 화장실과 식수원의 권장 거리

2.3. 화장실 종류 선택

화장실의 종류는 지역적으로 너무나 다양하여 구분하기는 쉽지 않으나, 일반적으로 많이 사용하는 방식을 중심으로 기술하면 다음과 같다. 사용했던 물과 같이 대소변을 구덩이에 저장하는 수세식 구덩이 화장실(pour-flush pit latrine), 지표면을 파지 않고, 대소변을 모으는 공간을 지표면에 두고, 계단으로 올라가는 화장실인 계단식 수세식 화장실(raised pour-flush pit latrine), 물을 사용해 분뇨를 정화조에 보관하고, 물은 분리하여 하수도 시스템을 통해서 배출되는 정화조 방식의 수세식 화장실(water latrine) 등은 물과 같이 사용한다.

화장실에서 물을 사용하지 않는 것들은 다음과 같다. 배설물을 모아서 공기 등으로 건조시켜서 향후에 퇴비로 사용하는 퇴비형 건조 화장실(composting dry latrine), 지표면에 구덩이(저장조)를 파서, 배설물을 1년 이상 사용하다가 건조시켜서 퇴비로 사용하는 퇴비형 구덩이 화장실(composing pit latrine), 물을 사용하지 않고, 지표면에 땅을 파고 배설물이 저장되는 공간에 파이프로 통풍구를 설치해서, 냄새 제거와 건조의 효과를 같이 볼 수 있는 환기개선 화장실(Ventilated Improved Pit latrine(VIP))과 물을 사용하지 않고, 지표면에 땅을 파지 않고, 배설물 저장 공간을 설치하고, 파이프로 통풍구를 만들어서, 계단으로 올라가서 화장실을 이용하도록 하는 계단식 환기개선 화장실(raised Ventilated Improved Pit latrine(VIP))로 구분할 수 있다.

언급한 화장실 종류 이외에도 수상에 설치되는 화장실이나, 깊은 구멍을 배설물 저장 공간으로 활용하는 것과 응급캠프 시설 등과 같이 만들어지는 간이 화장실 등 이름을 정하지도 못한 다양한 형태의 화장실이 존재한다.

일반적으로 많이 사용하는 화장실 7개를 화장실 이용 문화, 용수 공급의 가능 여부, 하수도 및 폐수처리 시설의 존재 여부 등으로 <그림 2.4>와 같은 방식으로 선택할 수 있다.

지형적인 조건으로 지하수(groundwater)의 수위가 얼마나 지표면과 가까운지, 땅을 팔 수 있는 조건이 되는 지반(bedrock)의 깊이가 깊은지, 얕은지를 파악하여야 한다.

암반(bedrock) 심도와 토질(soil type), 지표면 밑으로 구덩이가 만들어질 깊이까지의 토양 투수성에 따라 구덩이를 팔 것인지, 구덩이를 파고 난 다음에 구덩이의 벽면을 어떻게 마무리할 것인지를 결정해야 한다.

지표수(surface water)가 화장실을 설치하는 위치로부터 멀리 있느냐, 가까이 있느냐를 파악하여야 한다. 지표수가 가까운 곳에 있으면서, 수질 오염이 발생하거나, 환기개선 화장실을 사용할 경우 냄새 등이 퍼질 수 있으므로, 냄새가 퍼지지 않도록 조심해야 한다.

비가 오거나, 홍수가 날 때 화장실이 설치된 지역에 표면유출

(runoff), 즉 지표면에 흐르는 물들이 많은 곳은 땅속 구덩이에 있는 배설물에 물들이 찰 수 있으므로, 지표에 배설물 보관조를 만들고, 화장실 이용시설을 높인 계단식 화장실(Raised pit latrine)로 만들어야 한다.

5가지 인자인 지하수, 지반, 토질, 지표수, 표면유출은 절대적인 인자는 아니지만, 적정한 비용으로 설치할 때 권장되는 화장실 형태이다. 암반이 단단한 곳에서도 실제 구덩이를 파는 작업을 돌을 깨서 하는 등의 작업도 가능한 것처럼, 인자에 대한 문제점이 있다면, 해결 방향을 생각하면서 발전된 화장실 형태를 결정할 수 있다.

이러한 기준과 더불어 도심 지역이거나 인구가 밀집된 지역에서는 퇴비형 화장실이 필요가 없을 것이고, 인구가 밀집된 곳은 저장조(pit)에 배설물 수거 시스템을 만들어서 인력이나 진공펌프트럭를 도입하는 등 종합적으로 계획할 수 있다.

또한, 수상가옥에서는 화장실도 수상에 설치할 수밖에 없다. 수상가옥 화장실의 경우에도 배설물을 분리하는 등의 결정이 필요하다. 이 책에서 나오는 수상 화장실을 참고해서 만들 수 있다.

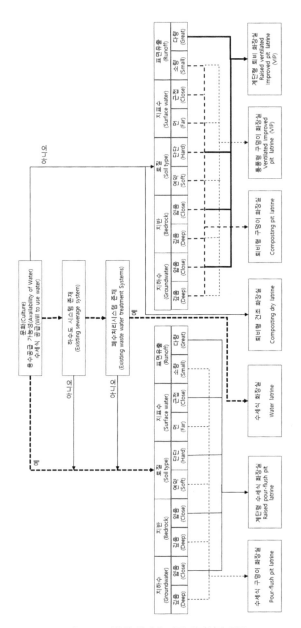

<그림 2.4> 다양한 인자에 따른 화장실의 종류

2.4. 화장실 유지 관리

화장실을 만들 때 가장 주의할 점은 누가 관리하고, 청소하느냐를 검토해야 한다는 것이다.

깨끗한 화장실을 만들어주는 것은 좋은 설계도와 자재, 예산만 있으면 가능하다. 그렇지만, 화장실은 냄새도 나고 시각적으로 좋지 않은 소변과 대변들을 처리하기 때문에 매일매일 화장실 휴지 쓰레기를 버리거나, 모기, 파리를 제거하는 청소를 하지 않을 경우 금방 더러워져 버리게 된다. 또한 매일매일 사용하기 때문에 조그마한 고장을 방치하거나 헐거워진 작은 나사를 조이지 않는 등 필요한 시기에 관리하지 않으면, 나사나 자재가 분실되어서 화장실은 금방 파손된다. 즉, 화장실 관리주체 및 시간적이나 이용효율 측면에서의 화장실 설계도 필요하지만, 오히려 관리적인 측면에서 화장실 관리주체 및 유지관리 효율 등을 가장 중요한 인자로 보고, 적절한 화장실을 설계해야 한다.

세상에 있는 어느 누구도 청소를 하고 싶지 않고, 화장실 청소는 더욱더 싫어한다.

가족구성원들이 사용하는 화장실일 경우에는 사용자 숫자가 정해져 있고, 본인이 청소하는 번거로움이 가족구성원들의 편의로 돌아가기 때문에 깨끗하게 사용하려는 의지가 있다. 또한 가족구성원의 리더가 화장실 청소를 결정할 수 있고, 청소하는 사람도 가족이라는 이유만으로 청소하는 사람에게 별다른 대가가 주어지지 않더라도 관리가 되므로, 가족용 화장실 관리에는 큰 문제가 발생되지 않지만, 양성평등(gender equality) 차원에서 화장실 청소가 여성에게 집중되지 않도록 주의할 필요가 있다.

공동화장실의 경우에는 누가 청소를 하고, 관리를 할 것인지에 대한 문제는 보다 복잡해진다. 많은 사람들이 사용하는 공동화장실은 한두 명만 더럽게 이용하기만 하면, 평상시에 깨끗하게 화장실을 이용하는 다른 사람들도 상대적으로 깨끗하지 않은 화장실을 깨끗하게 사용하려는 의지가 약해지기 때문에 가속도가 붙어서 화장실이 더러워지게 된다.

마을 단위에서 돌아가면서 청소를 하는 경우에도 몇몇 사람이 청소를 하지 않으면, 청소 주기가 깨어져 결국에는 모든 사람이 청소를 하지 않게 된다. 물 사정이 좋지 않은 곳에서의 수세식 화장실보다 간단한 시설이나 굴곡이 없는 단순하게 콘크리트가 노출된 화장실이 관리가 편하고, 오랫동안 지속될 수 있다. 잘 만들어진 화장실은 독립된 공간이 많기 때문에 더러워질 경우에 청소하기가 더 힘들다는 것과 직결된다.

공동화장실은 마을 주민들이 일정 금액을 적립하거나 공동 마을 기금을 이용해서 청소 노동자를 두는 것을 권장한다. 청소 노동자를 고용했는데도 공동화장실이 관리가 되지 않을 경우에는, 원인을 파악하여 해고, 추가인력 보충 등의 해결책을 제시할 수 있다.

물 공급 사정이나 전기 사정이 좋지 않은 곳에 너무 최신식 화장실을 설치하는 것은 관리에서 더 큰 문제를 발생시킬 수 있으므로 적정한 형태와 기술의 화장실을 설치하는 것이 중요하다. 물 사정이 일 년 동안 계속 좋은 곳에서, 공공화장실을 수세식으로 만들거나, 아니면 물이 나오지 않을 경우를 대비해서 별도의 물탱크 등의 시설을 설계에 반영해야 한다.

<그림 2.5> 화장실 청소 양성평등

<그림 2.6> 방치된 공공화장실(캄보디아)

제3장

퇴비형 화장실
(Composting Latrine)

3.1. Arborloo(알발루) – single pit method

Arborloo(알발루)는 단순한 구덩이(pit)를 파서 화장실을 사용한 것을 차면 덮는다는 "fill and cover"로 불리기도 한다. 이용 범위는 한 가구가 사용하는 가정용으로 볼 수 있다.

Arbor의 어원은 라틴어로 "나무라는 뜻을 가지고 있어서, 나무를 심는다"는 뜻으로 Arborloo(알발루)라는 의미를 가지고 있다. 화장실을 이용하면서는 일정 시기마다 나뭇잎이나 짚, 줄기, 톱밥, 재(ash) 등을 주기적으로 넣어서 통기성 및 미생물 및 냄새를 막아주는 역할을 한다. 6개월에서 1년 정도 사용하고, 구덩이에 15cm가량의 흙을 덮으면서 바나나, 파파야, 구아바 등 지역에 적합한 나무를

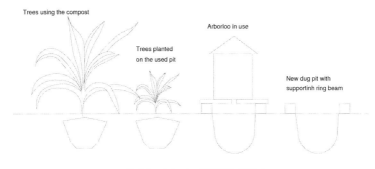

<그림 3.1> Arborloo(알발루) 개념도
(Modified from wikipedia)

심으면 된다.

구덩이(pit)는 약 1m를 파서 사용하고, 새로운 화장실이 필요할 때에는 주변에 새로운 나무를 심을 옆자리에 구덩이를 1m를 다시 파고, 화장실을 설치하면 된다. 새로 설치할 때는 기존에 사용했던 발판이나 외부 가림막 등을 재활용할 수 있다.

Arborloo(알발루)의 가장 큰 장점은 누구나 쉽게 이용 가능한 저비용 기술이며, 병원균 노출이 저감되고, 작물을 재배하기 때문에 수익을 창출할 수 있다는 것이다. 단점으로는 사용하던 구덩이가 모두 차면, 새로운 웅덩이를 파고 화장실 건물을 이동한다는 것이다. 또한 한 번 사용한 화장실에 나무를 심기 때문에 재사용이 어렵다는 점과 흙으로 구덩이를 덮거나 나무를 심는다고 해서, 지하수 오염에 대한 위험성이 제거되는 것은 아니라는 점이다.

Arborloo(알바루)는 흔하게 사용하는 전통적인 화장실 기술이며, 간단하다. 집, 밭, 과수원 등에서 과실수를 재배하며 대소변에 의한 병원균을 해결하면서, 비료로 의한 과실수를 재배하는 효과를 가진다.

그러나 사람들의 배설물을 이용해서 과일 등을 재배하는 것에 거부감이 있는 문화권에서는 퇴비형 화장실(Composting Latrines)의 적용이 어려운 곳도 있다.

<그림 3.2> Arborloo(알발루) 구덩이에 심은 감귤나무

(Photo by: Peter Morgan in 2003, Embangweni-Malawi [www.flickr.com])

3.2. Fossa Alterna(포사 알트나)

Fossa Alterna(포사 알트나)는 "슬러지를 재사용(sludge reuse)한다"라는 의미를 가지며, 앞에 언급된 Arborloo(알발루)와 가장 큰 차이점은 2개의 구덩이(pit)에 콘크리트나 블록으로 라이닝을 설치하고, 한쪽 구덩이가 가득 차서 사용할 수 없다면, 다른 구덩이를 이용하면서, 가득 찬 구덩이를 1년 정도 지난 후에 비운다. 2개의 구덩이(저장조)를 번갈아 가면서, 지속적으로 이용할 수 있는 화장실이 된다. 화장실 상부 구조물은 이동이 가능하도록 만들어서, 구덩이가 가득 차면 인력으로 바로 옆 구덩이로 이동해서 재활용된다. Fossa Alterna(포사 알트나)는 물을 사용하지 않는 2개의 건식 구덩이를 주기적으로 번갈아 가면서 화장실을 이용하는 특징이 있다.

Double VIP(환기개선) 화장실보다 좀 더 자연친화적이고, 2개의 구덩이(pit) 간격을 넓게 만들면, 작업공간이 충분히 확보될 수 있다는 장점이 있다. Fossa Alterna(포사 알트나)의 구덩이는 최대 1.5m 깊이로 판다. 단순 구덩이보다는 계속해서 사용해야 되므로 구덩이 벽을 벽돌이나 콘크리트 등으로 만들어야 한다. Fossa Alterna(포사 알트나)는 물 없이 건조식으로 대변을 저장하고, 사용하는 도중에도 주기적으로 한 번씩 저장조에 흙이나 재(ash), 식물

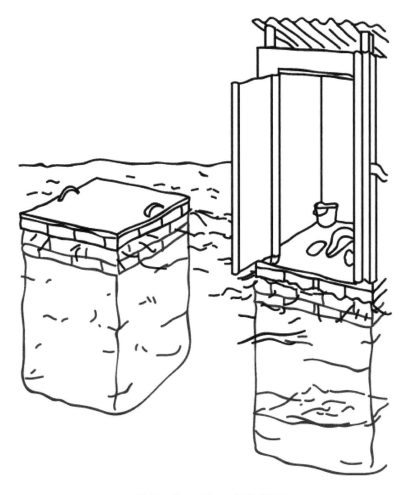

<그림 3.3> Fossa Alterna(포사 알트나)

줄기 등을 넣어서 대변이 썩어 부식토(humus)와 같은 퇴비가 되도록 해야 한다.

Fossa Alterna(포사 알트나)는 농촌 지역이나 준농촌 지역에서 사용할 수 있고, 용수공급 사정이 좋지 않은 환경(water-scarce environment)에 적합하다. 토양이 척박한 곳이나 부식토 등이 필요한 곳에서 유용하게 사용할 수 있다. 또한, 부식토를 활용할 수 없는 농촌 지역 이외의 지역에서도 배설물 슬러지를 처리할 인력이나 분뇨차량(진공펌프차량) 접근이 어려운 지역에서도 활용할 수 있다.

배설물이 쌓이는 구덩이(pit)는 주기적으로 토양이나 나뭇잎, 톱밥, 재(ash) 등을 넣어서 냄새와 파리 등이 발생되지 않도록 한다. 나뭇잎, 톱밥, 토양, 재는 부식되는 과정에서 통기성과 호기성 조건의 박테리아 등의 활성화를 촉진하는 작용을 한다.

배설물이 가득 찬 구덩이는 흙과 나뭇잎, 재를 넣어서 덮어 놓고, 최소 1년간은 분해기간을 가지고, 최종 분해 산물인 부식토(humus)를 사용한다. 부식토를 제거한 빈 구덩이에는 나뭇잎을 깔아 놓고, 재사용할 때까지 기다리면 된다.

Fossa Alterna(포사 알트나)는 보통 사용자들이 약 1년 내지 2년 동안 한 개의 구덩이를 이용하는 것을 가정하고, 구덩이의 크기를 결정해야 한다. 일반적으로 6명의 가족구성원이 1년 동안 사용한다고 한다면 구덩이 깊이를 1m에서 1.5m 사이에서 결정해야 한다. 일반적으로는 1m×1m 네모난 형태로 땅을 파서 블록을 쌓아서 만드는 형태를 가지는데, 꼭 네모난 형태를 고집할 필요는 없다.

구덩이(pit)를 비우거나 부식토(humus)를 활용하기 위해 작업자가 구덩이에 들어가서 부식토를 파야 되므로, 작업이 편리하도록 여건을 고려하여 적정한 깊이와 넓이의 구덩이를 만들면 된다. 너무 깊을 경우에는 작업공간이 많지 않으므로 적정한 깊이, 크기의 형태를 지형에 맞도록 결정해야 한다. 화장실로 사용하기 전에 구덩이 밑바닥에 나뭇잎을 깔아서 통기성이나 호기성 조건이 유지되도록 한다. 소변과 물은 들어가도 되지만, 파리나 벌레를 잡기 위해서 DDT(유기염소 계열의 살충제)와 같은 화학물질은 구덩이에 넣지 않도록 한다.

구덩이(pit)를 집에서 사용한 더러운 물을 걸러주는 중수도로 활용하면 배설물 분해를 위한 호기성 조건을 맞출 수 없으므로, 더러운 물을 저장하거나 걸러내는 용도로 Fossa Alterna(포사 알트나)를 이용하면 안 된다.

물은 단순히 화장실을 청소하는 과정에서 사용되는 때만 구덩이로 들어가도록 한다. 물이 아주 많은 경우에는 병원균 증식이나 구덩이의 용량에 문제가 되지만, 소량의 물은 산소를 공급함으로써 호기성 조건을 만드는 데 도움이 된다. 화장실은 사용하는 과정에서 썩지 않는 쓰레기가 포함되지 않도록 조심해야 한다. 이물질이 포함되었을 경우 부식토를 꺼낼 때 부식토에서 다시 이물질을 제거해야 되므로, 쓰레기와 같은 이물질이 들어가지 않도록 조심해야 한다.

지하수위가 깊지 않고 얕은 지역이나 홍수가 날 때 침수되는 지역, 토양이 없고 암반으로 이루어진 지역에서는 땅을 파서 구덩이를 만드는 것이 적합하지 않으므로, 지표면에서 위로 올려서 사용하는 방식으로 Fossa Alterna(포사 알트나)를 사용해야 한다. 만약 공간이 충분히 있고, 부식토를 제거하기 싫은 경우에는 Fossa

Alterna(포사 알트나)보다는 Arborloo(알발루) 방식이 효과적이다.

Fossa Alterna(포사 알트나)의 장점으로는 2개의 구덩이(pit)를 가지고 번갈아 사용하므로 지속적으로 사용할 수 있고, 부식토 (humus)를 만들기 때문에 단순한 배설물 슬러지에 비해서 제거하기가 편리하고, 또한 배설물에 있는 병원균이 제거된다는 것이다. 다른 배설물에 비해서 부식토가 자연 친화적이고 영양분이 풍부한 흙과 비슷한 형태를 가진다. 1년간의 분해를 기다리는 동안 상부에 뚜껑이나 흙을 덮어 놓기 때문에 냄새나 파리가 제거된다. 화장실을 만드는 재료가 지역에서 구할 수 있는 재료로 충당 가능하다. 기계장치가 필요 없이 사용자 스스로가 부식토를 제거할 수 있으므로 유지관리 비용이 거의 들지 않는다는 것이 장점이다.

Fossa Alterna(포사 알트나) 단점으로 상부에 덮을 수 있는 자재가 필요하고, 배설물 슬러지 펌프카 등을 사용할 수 없고, 인력으로 제거해야 된다는 점과 썩지 않는 쓰레기 등이 들어갈 경우에는 부식토가 만들어지더라도 쓰레기가 많은 부식토가 되는 것이다.

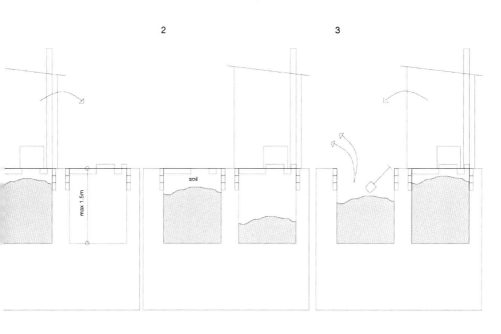

<그림 3.4> Fossa Alterna(포사 알트나) 개념도
(Modified from Eawag)

<그림 3.5> Fossa Alterna(포사 알트나) 아르바민치(Arba Minch), 에티오피아

(Photo taken by Wudneh Ayele Shewa [www.flickr.com])

3.3. 이중 저장조 퇴비형 화장실
(Double-vault composting latrine)

이중 저장조 퇴비형 화장실(Double-vault composting latrine)은 2개 저장조로 물을 사용하지 않는 화장실이다. 대변과 소변을 분리 저장하여 소변은 액체비료로 사용하고, 대변은 수분을 건조시켜 보관하면서 분해되도록 한다. 이중 저장조 퇴비형 화장실은 twin pit dry compost latrine 등 다양한 이름으로 불리기도 한다.

일반적으로 각각의 저장조는 1년씩 번갈아 사용한다. 화장실을 만들고, 한 개의 저장조를 1년간 사용한 후, 나머지 저장조를 사용하다가, 2번째 사용하는 저장조를 1년간 사용하거나 거의 다 찰 무렵, 처음 사용했던 저장조 안에 있던 대소변이 1년 동안 분해되어 퇴비화된다. 이때 퇴비화된 부식토를 꺼내서 다시 사용할 준비를 하면 된다.

화장실을 사용하는 과정에서 정기적으로 장작의 재(ash), 석회가루(lime), 톱밥(saw dust), 토양, 야채와 같은 음식물 쓰레기 등을 같이 넣어서 분해가 잘 이루어지도록 한다. 대소변 분리 변기를 이용하여, 별도로 모아지는 소변을 3~8배의 물과 같이 희석해서 비료로 사용할 수 있다.

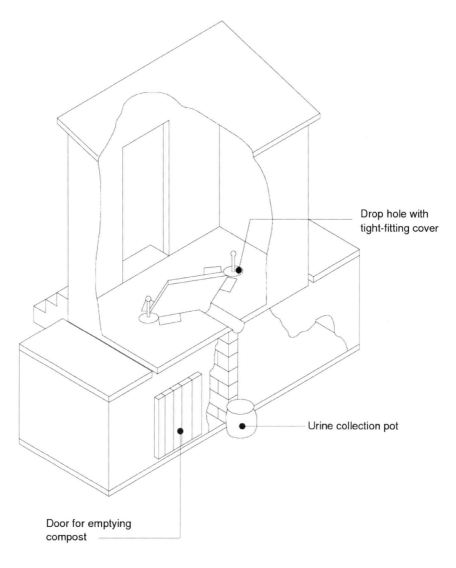

Drop hole with
tight-fitting cover

Urine collection pot

Door for emptying
compost

<그림 3.6> 이중 저장조 퇴비형 화장실(Double-vault Composting Latrine) 개념도
(Modified form WEDC, 2002)

지표면보다 높게 설치하는 계단식 화장실은 각각 저장조에 문을 설치하여 완전히 분해된 배설물을 지상에서 제거하는 방법을 사용한다. 지역 특성에 맞도록 저장조(구덩이)를 지상이나 반지하에 설치하여 계단을 이용하거나, 땅을 파서 지하에 구덩이(저장조)를 계단 없이 사용하는 형태로 만들면 된다.

이중 저장조 퇴비형 화장실(Double-vault composting latrine)은 영구적인 구조물 형태로, 청소용수를 제외하고는 물이 필요 없어 지하수의 오염 가능성이 낮고, 지표면에 저장조가 있어, 분해된 부식토를 꺼내는 데 땅을 파는 노동력이 필요 없다. 영구 구조물로 구덩이(저장조)의 붕괴 가능성이 없다는 장점이 있다.

단점으로는 소변과 대변을 분리해서 저장해야 되므로, 소변을 저장하는 데에 불편함이 있고, 주기적으로 사용 중에 재(ash), 석회(lime), 톱밥(sawdust), 토양, 나뭇잎, 야채 등의 음식물 쓰레기를 첨가해 주어야 하며, 다른 화장실에 비해서 건설비용이 많이 들어간다. 영구 구조물로 오랫동안 사용하기 때문에 유지보수에 신경을 써야 하고, 관리를 부실하게 하면 오히려 냄새 및 청결 등 관리하는 문제가 발생하는 단점이 있다.

퇴비화 화장실 적용은 기본적으로 대변이나 소변을 활용한 부식토를 작물재배에 이용하는 것에 대한 문화적 거부감이 없는 지역이어야 한다. 물 공급이 어려운 지역이나 지하수위가 높은 지역, 토양이 모래 등 투수성이 좋은 지역에서는 바닥기초를 하고 화장실을 설치하는 것이 좋다.

<그림 3.7> 계단식 이중 저장조 퇴비형 화장실
(by AIDG (flickr))

3.4. 태양열건조 퇴비형 화장실
(Solar dry composting latrine)

태양열건조 퇴비형 화장실(Solar dry composting latrine) 구조는 다른 화장실과 비슷하지만, 태양열을 이용해 대변에 포함된 수분을 빨리 제거해서, 분해를 촉진하는 화장실이다. 배설물은 항상 수분을 함유하고 있어, 얼마나 빨리 건조되면서, 분해가 되느냐가 중요하다.

태양열건조 퇴비형 화장실(Solar dry composting latrine)은 <그림 3.8>과 같이 대소변이 채워지는 저장조(pit)의 입구 부분을 철제 패널로 제작한 이중 저장조 퇴비형 화장실(Double-vault composting latrine or twin-pit composting latrine)이다. 저장조 입구에 기울어진 철제 패널 부분에 태양광이 비치면 철제 패널이 뜨거워져, 안쪽에 저장조 온도가 상승하고, 뜨거운 공기가 위로 올라가서 내부 공기가 환기되면서, 수분이 증발하고 병원균들이 죽게 된다.

태양열건조 퇴비형 화장실(Solar dry composting latrine)의 저장조에 있는 대변들도 이중 저장조(twin pit) 방식과 동일하게 사용 후 1년 동안 저장하면서 분해과정을 거친다. 뚜껑인 철제 패널이 태양으로부터 열을 흡수하여 내부 온도가 더 상승하기 위해서는 검

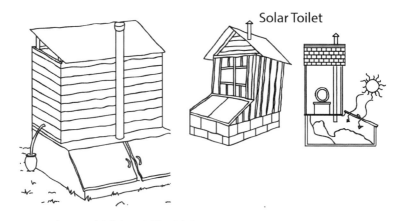

<그림 3.8> 태양열건조 퇴비형 화장실(Solar Dry Composting Latrine) 개념도

은색 페인트로 철제 패널을 칠해야 한다. 또한 철제 패널에 태양광이 비치는 주변에 지장물이 없는 방향이나 위치를 선정해야 한다. 철제 패널에 그림자가 최소한으로 생기는 조건으로 설치 위치와 방향을 결정한다. 철제 패널 문에는 자물쇠를 채워 함부로 물을 열수 없도록 해서 저장조 내에 있는 내용물의 오염을 방지하고 안전사고를 방지해야 한다.

태양열건조 퇴비형 화장실도 이중 저장조 화장실(twin pit latrine)과 같이 대변과 소변을 분리할 수 있는 변기를 두어서 소변을 분리한다. 태양광건조 퇴비형 화장실도 사용 도중에 재, 톱밥, 흙 등을 한 번씩 넣어서 분쇄 속도 및 파리 등의 발생을 조절할 수 있도록 하고, 청소 시 사용하는 물 이외에는 사용하지 않고, 쓰레기와 같은 썩지 않는 다른 이물질이 저장조(pit)에 들어가지 않도록 한다.

3.5. 대소변 분리

　연령이나 성별 등의 개인적 차이가 있지만, 일반적으로 사람은 하루에 약 2ℓ의 물을 마시고, 1.4ℓ의 소변을 배설한다. 대변은 지역마다 주로 먹는 음식 재료의 특성 등으로 배출하는 양이 다양하고, 소득 수준에 따라 잘사는 가구와 못사는 가구에 따라서도 차이가 있다. 잘사는 가구의 경우에는 탄수화물이나 채소류보다 육류 등의 다양한 고기능성 음식을 섭취하므로 대변의 배출량이 저소득가구에 비해서 오히려 더 적다.

　소변은 물과 대부분의 질소로 이루어져 있다. 대변은 음식으로 섭취했던 것이 소화되어, 몸속에 있는 대장균과 같은 다양한 균들

<표 3.1> 대변의 습식 건식 중량
(by C. Rose, A. Parker, B. Jefferson and E. Cartmell, 2015)

구분		Median(중앙값)	Mean(평균)
습식 중량 (Wet weight) (g/cap/day)	고소득층	126	149
	저소득층	250	243
건식 중량 (Dry weight) (g/cap/day)	고소득층	28	30
	저소득층	38	39

과 함께 몸속에서 배출된다. 대변과 소변은 액체와 고체, 균의 유무 등 차이가 있으므로, 수세식 화장실이 아니라면 대변과 소변을 분리해서 보관처리하는 것이 편리하다.

소변은 다양한 변기 형태로 배변과정에서 대변과 분리할 수 있다. 지역별로 배변습관에 따라 대소변을 분리하는 다양한 형태의 변기가 있으므로, 현지 시장조사를 통해서 적정한 형태로 시장에서 구매를 하거나, 현지에서 많이 보급되어 있는 형태로 활용하면 된다.

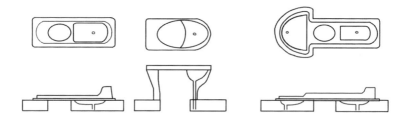

<그림 3.9> 대소변 분리 변기 모식도

3.6. 비료 활용

일반적으로 대변의 경우에는 병원균이 많이 있기 때문에 1년 이상의 기간 동안 분해를 거쳐 병원균이 완전히 사멸된 이후에 부식토 형태로 이용하여, 농작물에 비료로 활용할 수 있다.

대변으로 만들어진 비료는 NPK(질소인산칼륨)비료가 된다. 대변에는 질소(nitrogen), 칼륨(potassium), 인(phosphorous) 등의 필수 영양소가 있어서, 일반적인 비료와 동일한 효과를 내기 때문에 농작물 재배에 도움이 된다. 대변으로 만들어진 부식토와 생분해가 되는 다른 물질 등과 섞어서 비료로 활용할 수 있다.

소변에는 질소가 풍부해서 질소 비료로 사용할 수 있다. 소변을 희석하지 않고 바로 사용하면 질소 활용에 문제가 발생할 수 있으므로, 적정한 사용법을 준수하는 것이 중요하다. 소변을 물에 희석하지 않고, 바로 뿌리면 분해율이 과도하게 높아진다. 질소 이용 효율을 높이기 위해서 소변원액과 물을 1:3 비율로 희석해서 액상 질소 비료로 살포한다. 소변을 물로 희석한 액상 비료를 한 번에 많이 살포하더라도 효율이 높아지는 것이 아니므로, 일주일에 2회 이하로 희석된 소변을 살포해야 한다.

소변은 질소가 아주 풍부하지만, 그 이외의 비료의 영양소가 되는 각종 물질은 풍부하지 않기 때문에, 질소 과다로 작물 성장에 부작용이 발생할 수 있으므로, 이용에 주의가 필요하다.

3 parts water

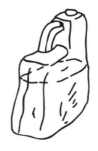

1 part urine

<그림 3.10> 소변의 비료 이용
(Modified from Lifewater, 2011)

제4장

일반형 화장실

일반적으로 개발도상국에서도 사람들이 원하는 화장실은 퇴비를 활용하는 것이 아니라, 저장조(pit)에 배설물이 가득 차면, 본인이 아닌 수거하는 다른 사람들이 비워 주는 화장실이다.

앞 절에서 언급된 퇴비형 화장실은 농촌 지역에는 적합하나, 도시 지역이나 사람들이 많이 모여 사는 지역에서는 퇴비화 화장실을 만드는 것이 불가능하다. 또한, 사람의 배설물을 비료로 만들어도 도시 지역에서 사용할 곳이 마땅치 않다.

일반형 화장실은 저장조에 배설물이 모두 다 찰 경우에 어떻게 처리를 할 것인지에 관한 부분이 가장 큰 고민거리이다. 배설물을 수거하고 처리하는 업체나 서비스가 있을 경우에는 화장실을 설치해서 편리하게 사용할 수 있지만, 이러한 수거·처리 공공서비스가 없는 지역이나 서비스가 열악한 지역에서는 저장조를 크게 만들어서 한꺼번에 제거하도록 하거나, 퇴비형 화장실로 변형이 가능하도록 만들어야 된다.

수거 시스템이 없는 도심지나 주거지 밀집 지역에서는 교육이나 지원 등을 통해서 자체적으로 수거하는 시스템을 만들 수 있다.

외딴 산간 지역에 일반형 화장실을 설치할 경우에는 수거하는 업체나 사람이 오지 않아서, 자체적으로 처리해야 될 것이다. 집 안에 있는 가정용 화장실은 가족구성원이 책임을 지고 자체적으로 처리를 할 것이다.

공동화장실에 별도의 관리 주체가 없을 경우에는 배설물이 모두 다 찼을 때, 처리 방향에 대한 이용자들의 다양한 의견이 발생할 수 있으므로 어떻게 공동화장실을 관리할 것인지를 미리 결정해 놓는 것은 아주 중요하다. 또한, 일부 마을에서는 마을주민회 임원진이 변경될 경우, 전임자가 했던 사업에 대해서는 전혀 신경을 쓰지 않는 일이 발생할 수 있으므로, 사업 초기부터 어떻게 관리할 것인지를 계획을 잡아서 추진하는 것이 필요하다.

개발도상국의 화장실은 설치보다 설치 이후의 관리를 더 중요하게 고려해야 한다.

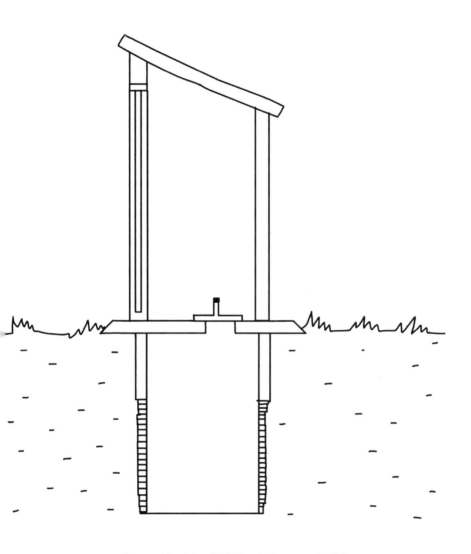

<그림 4.1> 단순 저장조 화장실(Simple Pit Latrine) 개념도
(Modified from WHO and IRC, 2003)

4.1. 단순 저장조 화장실(Basic Pit Latrine)

단순 저장조 화장실은 1개 변기에 1개 저장조를 가지는 방식이며, 가장 일반적인 화장실이다. 저장조에는 배설물들은 완전히 차기 전에 인력이나, 펌프차량으로 배설물을 수거·제거하는 업체에 의뢰해서 저장조를 비워야 한다.

단순 저장조 화장실은 구덩이(pit)를 파고, 구덩이 내벽에 콘크리트나 벽돌 등으로 라이닝(lining)을 하고, 배설물이 차면 배설물을 제거하는 방식으로, 만약 배설물을 수거해 가는 서비스가 없는 지역에서는 퇴비형이 아닌 일반 화장실은 오히려 수거와 청소에 관한 더 큰 문제가 발생할 수도 있다. 화장실 관리에는 퇴비화 화장실보다 제약이 없으나, 배설물이 다 찰 때에는 사설이나, 공공기관의 처리 서비스가 필요하고, 스스로 처리할 경우에는 위생상 문제가 없도록 처리를 해야 한다.

용수 공급이 어려운 지역에서 가장 쉽게 만들 수 있으며 구조상 퇴비화 화장실과 차이가 없다. 퇴비화 화장실은 배설물이 다 차고, 12개월의 분해 과정을 거치지만, 일반형 단순 저장조 화장실은 인력이나 펌프카를 이용해서 배설물을 제거하고, 수거하여 별도 처리 시설에서 처리하는 과정을 거친다.

화장실을 이용한 후에는 항상 뚜껑을 활용하여, 냄새와 파리가 발생하는 것을 방지하거나 변기를 설치하면 훨씬 편리하게 이용할 수 있다. 만약 변기를 설치하면, 변기 플라스틱이나 뚜껑이 도난될 우려가 높으므로 주의가 필요하다. 변기의 상부에는 밀폐가 가능한 뚜껑을 만들어서 저장조에 있는 대소변의 냄새와 분해되면서 발생하는 역겨운 냄새가 올라오지 않도록 해야 한다. 뚜껑으로 잘 덮거나 각종 냄새를 저감시키면 파리 등이 서식하지 않아, 깨끗한 화장실로 관리하기 용이하다.

　화장실 저장조가 바로 연결되어 있어 어린아이가 사용하는 도중에 빠질 수 있는 위험이 있고, 각종 주머니 속의 물건들이 떨어질 수 있는 위험이 있으므로, 최대한 규격사이즈로 변기를 구매하거나 만드는 것을 권장한다.

　단순 저장조 화장실이지만 상부에 있는 구조물들이 비를 가려주어야 되므로 외부 구조물은 재질이나 형태를 지역적 특성을 고려하여 설치한다.

<그림 4.2> 화장실 개선을 위한 저장조 라이닝 제작 모습(캄보디아)

4.2. 환기개선 화장실
(Ventilated Improved Pit(VIP) Latrine)

환기개선 화장실은 저장조(pit)에 통풍구를 설치하여 냄새를 저감한다. 가장 일반적인 것은 단독 환기개선 저장조(single Ventilated Improved Pit(VIP)) 화장실은 1개의 통풍구를 가진 것이고, 송풍구는 저장조에 따라서 선택적으로 추가하여 설치할 수 있다.

통풍구는 화장실 지붕의 최고 높이보다 약 30cm 이상 높게 설치하고, 통풍구를 통해 비가 들어오지 못하도록 하고, 통풍구의 상단에는 그물망을 달아서 파리나 벌레가 통풍구로 유입되지 않도록 한다. 통풍구는 일반적으로 지름 11cm 이하 플라스틱 파이프를 이용하지만, 지역에 따라서 적정하게 만들 수 있다.

환기개선 화장실의 장점으로는 잘 설계하여 설치한다면 냄새를 없애므로, 수세식 화장실과 비슷하게 냄새 불쾌감을 덜어주어 편안한 화장실이 될 수 있다. 저장조에 서식하는 파리 등이 통풍구를 통해서 들어오는 빛을 보고 올라가 송풍구의 그물망에 잡혀서 빠져나오지 못하고, 죽게 되어 파리 개체수를 현저히 줄일 수 있는 장점도 있다. 또한 냄새가 많이 나지 않기 때문에 송풍구가 없는 화장실에 비해 파리가 화장실 내부로 들어오는 것이 줄어들게 된다.

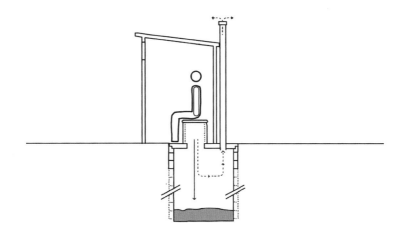

<그림 4.3> 환기개선 화장실(VIP Latrine) 개념도

(Modified from Tilley et al., 2014)

바람이 많은 지역에서 송풍구의 효과는 더 높아진다. 만약 바람이 많이 불지 않는 곳이라면, 송풍구에 검은색 페인트를 칠하거나, 검은색 플라스틱 파이프를 이용하도록 해서, 저장조는 온도가 낮고 송풍구는 따뜻해서 차가운 공기가 따뜻한 공기 쪽인 송풍구로 올라가도록 해야 한다.

그물망은 파리보다는 작은 사이즈를 해야 되지만, 너무 촘촘한 그물망으로는 공기가 자유롭게 통하기 어렵다는 단점이 있다. 일반적으로 알루미늄으로 된 모기장으로 1.2~1.5mm 메시(mesh) 사이즈가 적당하다.

저장조는 다른 화장실과 마찬가지로 1.2~1.5m 지름으로 땅을 파서 저장조 내벽에 벽돌이나, 콘크리트로 라이닝 처리를 해야 한다. 일반적으로 3m 깊이에 1~1.5m 지름의 저장조를 많이 만들고 있다.

지하수위가 지표면과 가까운 곳이나 주변에 우물 등이 있는 곳에서는 플라스틱 통이나 완벽한 밀폐구조를 가진 것이 아니라면 일부의 배설물이 땅속으로 들어갈 우려가 있으므로, 땅을 파지 않고, 저장조를 지상으로 올리는 방식의 계단형 화장실을 만들어야 한다.

지상이나 지하에 설치되는 환기개선(VIP) 화장실은 송풍구 등을 설치하는 구조이므로, 비가 많이 내리는 시기에는 지역적 강우 및 홍수, 태풍, 침수 등의 특성을 고려하여 송풍구 연결부 내구성을 강화하고, 송풍구 형태를 지역에 적합하게 만들 수도 있다.

우기에 바람이 많이 부는 곳에서는 송풍구와 건물이 따로 떨어지지 않게, 연결구조로 만들어서 바람 피해가 발생하지 않게 해야 한다.

예산이나 공간이 확보된다면, 송풍구를 추가하여 이중 환기개선 (double VIP) 화장실을 설치할 수 있다. 이중 환기개선 화장실은 냄새 및 수분 감소, 산소 공급 등을 통해서 좀 더 빠른 속도로 배설물이 분해될 수 있는 장점이 있다.

환기개선 화장실도 사용 중에 거미줄이나 죽은 파리 등을 청소해주고, 소변을 분리하는 변기를 설치하면 저장조나 화장실에 벌레 서식 장소를 최소화할 수 있다.

<그림 4.4> 환기개선(VIP) 이중 저장조 화장실(Twin-pit Latrine) 개념도
(Modified from WEDC Loughborough University)

<그림 4.5> 환기개선(VIP) 이중 저장조 계단식 화장실
(Twin-pit risded Latrine) 개념도
(Modified from WEDC Loughborough University)

4.3. 트렌치 화장실(Trench Latrine)

난민캠프와 같이 많은 사람들이 동시에 사용할 수 있는 화장실이 긴급하게 필요할 때 지름 2m의 원형 콘크리트를 설치해서 화장실로 만들 수도 있지만, 가장 신속하게 화장실을 설치하는 방법은 폭 0.8m, 길이 2m를 일자로 길게 굴착하여 트렌치를 만들어서 그 위에 가림막을 두는 트렌치 화장실이다.

깊은 트렌치의 경우에는 최대 깊이 6m까지 설치할 수 있지만, 많은 사람들이 갑자기 몰려서 사용해야 되는 난민캠프 등에 적용을 하고, 일반적인 경우에는 2m 이내 깊이의 트렌치를 설치하는 것이 좋다. 또한 지표면에서 0.5m까지는 콘크리트나 벽돌 라이닝을 설치해야 외부의 오염물질이나 비 등으로 트렌치(trench)가 갑자기 무너지는 경우나 외부의 지표수가 유입되는 것을 방지할 수 있다.

트렌치(trench) 화장실은 가정용 화장실보다 많은 사람들이 사용할 수 있는 공동화장실로 사용하거나, 난민캠프 등의 응급 상황이 발생할 경우에 임시 화장실로 권장한다. 임시 화장실 특성상 목재 등 지역에서 쉽게 구할 수 있는 재료를 이용해서 칸막이를 만든다.

트렌치 화장실 관리는 일반 화장실처럼 정기적으로 흙이나 숯 등을 넣어서 파리 등이 발생을 막아야 한다.

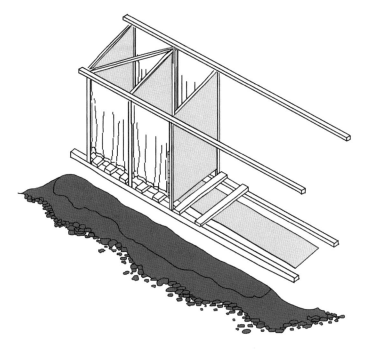

<그림 4.6> 트렌치 화장실(Trench Latrine) 개념도
(Modified form WEDC, 2002)

트렌치 화장실은 어린이들이 빠질 수 있으므로 주의가 필요하다. 영구시설물로 이용하기보다는 임시시설물로 두는 것을 추천하고, 임시시설물일 경우 특별한 수거 대책이 없으므로, 화장실의 저장조가 차게 되면, 다시 흙으로 덮어서 자연분해 되도록 한다.

트렌치 화장실을 라이닝 없이 설치할 경우 화장실 설치기준에 따라 우물과 각종 오염유발시설 등과 충분한 거리를 유지하고, 지하수위가 깊지 않은 곳은 트렌치의 깊이를 최소한 지하수위와 2m 이상 차이가 나야 한다.

<그림 4.7> 트렌치 화장실(Trench Latrine)
(WEDC, 2002)

4.4. 시추공 화장실(Borehole Latrine)

시추공 화장실(Borehole Latrine)은 시추 장비를 활용하여 깊은 구멍을 파고, 그 구멍에 배설물을 저장하는 화장실이다. 일반적으로 굴착 지름 400mm, 깊이 4~8m로 기계나 인력으로 굴착한다. 굴착된 시추공 내에 공벽의 전체를 시멘트나 파이프로 라이닝(lining) 처리하여, 오염 확산을 방지할 수 있다.

시추공 화장실은 기계와 인력으로 화장실을 한꺼번에 많이 만들 수 있다는 장점이 있다. 너무나 많은 가구들이 무분별하게 화장실을 사용하거나, 화장실이 전혀 관리가 되지 않을 경우에 우선적으로 시추공을 굴착하여 많은 화장실을 한꺼번에 제공하는 장점이 있지만, 지표면을 이루고 있는 지층의 조건에 따라서 오염이 확산될 수 있으므로 단단한 지층조건이나 불투수성 층이 많은 점토질의 지층에서 만들어져야 한다. 기계로 굴착이 이루어지므로 적정한 시추 장비나 오거 장비를 운영하는 업체가 있어야 한다.

시추공 화장실은 지하수를 오염시킬 수 있는 위험 요소를 가지고 있으므로, 지하수위와 시추공 화장실의 사이 거리가 2m 이상이 유지되도록 한다.

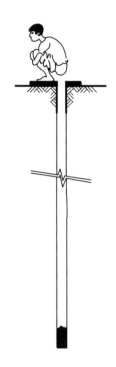

<그림 4.8> 시추공 화장실(Borehole Latrine) 개념도
(Modified form WEDC, 2002)

    비가 올 경우 갑자기 물이 들어가 시추공에 있는 배설물이 상부로 노출될 수 있으므로, 홍수 등 범람의 우려가 있는 지역에서는 설치하지 않도록 한다. 배수로를 설치하고, 화장실을 높여서 범람 시에 각종 오염물질이 시추공에 유입되지 않도록 한다. 시추공의 수명은 짧고, 더럽고 악취가 나서 파리들이 좋아하는 서식환경이 될 수 있으므로 각별한 주의가 필요하다.

<그림 4.9> 시추공 화장실(Borehole Latrine)
(WEDC, 2002)

제5장

수세식 화장실

수세식 화장실은 물을 이용하여 가장 깨끗하게 관리할 수 있다. 물을 이용하므로 변기나 더러운 화장실 바닥을 청소할 수 있다. 수세식 화장실이라고 해서 휴지나 파리, 벌레, 냄새 등의 문제가 다 해결되는 것은 아니지만, 청소하는 물을 사용한다는 것은 커다란 장점이다.

　　상수도나 지하수, 빗물 등을 연결한 물탱크에서 물을 바로 사용하는 변기도 있고, 재래식 화장실에 별도 물통에 물을 받아서 세척용 등으로 사용할 수도 있다.

　　수세식 화장실을 설치할 때에는 물 공급 사정이 일 년 동안 변동이 없는지를 먼저 파악해야 한다. 우기에는 공급이 되지만, 건기에 자주 단수가 되는 지역은 수세식 화장실보다는 물을 사용하지 않는 형태의 화장실을 만드는 것이 더 관리에 유리하다.

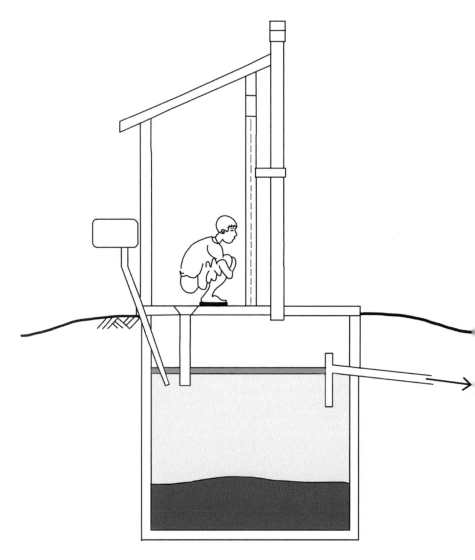

<그림 5.1> Aqua Privy(아쿠아 프리비) 개념도
(Modified form WEDC, 2002)

5.1. Aqua Privy(아쿠아 프리비)

Aqua Privy(아쿠아 프리비)는 <그림 5.1>과 같이 정화조(septic tank)에 대소변 찌꺼기를 침전시키고 사용한 물은 하수도로 버리는 방법으로 수세식 화장실 중에서는 가장 간단한 화장실이다. Aqua Privy(아쿠아 프리비)는 사회적이나 기술적으로 하수처리가 되지 않는 곳에서는 적합하지 않을 수도 있지만, 슬러지 양이 적은 가정용 화장실로는 적합하다. 변기가 정화조 바로 위에 설치되어 다른 수세식 화장실에 비해서 상대적으로 적은 양의 물을 이용할 수 있다.

정화조와 변기가 지름 75mm 파이프로 연결되어 정화조에서 올라오는 냄새 등을 막아준다. 직접 연결되는 일자형 파이프를 사용하지 않고, <그림 5.2>와 같이 U-trap(유트랩)이 있는 Water-Seal Pan(워터씰 팬) 변기를 설치하여 사용할 수도 있다. Water-Seal Pan(워터씰 팬)을 설치할 경우에는 배출구를 정화조의 수면 높이에서 75mm 이하까지 내려주어서, 더러운 물들이 바로 떨어지면서 벽면으로 더러운 물질들이 튀지 않도록 해야 한다.

U-trap(유트랩)을 사용할 경우에는 수직 파이프보다 구부러진 곳에서 대변이나 화장지 등으로 막힐 수 있으므로 설치 시 유의해야 한다. 막힐 확률이 높은 경우에는 Water-Seal Pan(워터씰 팬)을 물

안으로 잠기지 않는 것이 좋다.

정화조 탱크 내의 수위는 물이 들어오면 유입수량만큼 외부로 배출하기 때문에 수위를 유지할 수 있다. 외부로 배출되는 T-자형 배출 파이프는 정화조 수면 위로 50mm는 올라가도록 해서 냄새가 하수배수구에서 외부로 나가지 않도록 한다.

최종 하수 배출구가 중앙집중식 하수도 처리 시스템에 연결되면 가장 좋은 방법이지만, 별도의 하수도 처리 시스템이 없다면, 최대한 화장실에서 거리가 멀어지도록 배출구 파이프 길이를 연장하도록 한다.

최종 배출구 끝부분에 자갈 등을 설치하여 배출된 물이 화장실이나 건물 구조물 근처로 물이 차지 않도록 하여야 한다.

홍수가 나는 지역은 정화조 및 화장실에 물이 찰 수 있으므로, 화장실을 높이거나 외부에서 범람하는 물이 화장실 내부로 들어오지 않는 구조로 만들어야 한다.

<그림 5.2> Water-Seal Pan(워터씰 팬) 개념도
(Modified form WEDC, 2002)

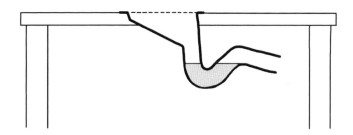

<그림 5.3> Water-Seal Pan(워터씰 팬) 상세도
(Modified from WEDC, 2002)

5.2. 단독 침전조 수세식 화장실
(One single pit toilet with pour flush)

단독 침전조 수세식 화장실은 화장실에서 약 0.5m 정도 떨어진 곳에 물과 분뇨가 들어가는 침전조를 두는 방식이다. 일반적으로 침전조에서 냄새, 벌레 등이 나오지 못하도록 U-trap(유트랩)을 설치하고 분뇨와 휴지 등과 화장실을 씻은 물이 내려가 침전되는 침전조를 둔다.

U-trap(유트랩)은 변기 바로 아래에 설치하고, U-trap(유트랩)과 침전조는 약 1:10의 경사로 PVC 파이프를 설치한다.

침전조에 고체들이 침전되고, 물 또는 소변과 같은 액체는 침전조에서 서서히 땅속으로 빠져나가도록 한다. 침전조는 1m 지름을 가진 둥근 콘크리트 링을 사용하거나 직접 땅을 파서 벽과 바닥을 시멘트 등으로 라이닝을 해서 사용할 수 있다.

단독 침전조 수세식 화장실은 물을 사용하는 화장실 중에서는 설치가 간단하고 저렴하다는 큰 장점을 가지고 있다.

침전조를 설치할 때에는 토양의 투수성을 잘 판단해야 한다. 모래와 같이 투수성이 좋은 토양에서는 침전조 주변으로 너무 빨리 물이 빠져나가서 콘크리트 링이나 라이닝 주변으로 유로와 같은 공

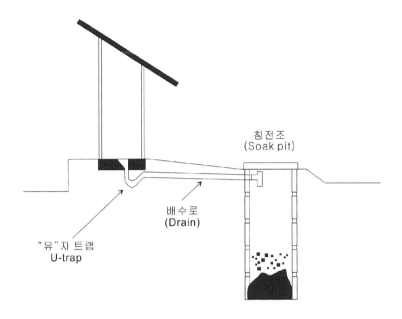

침전조
(Soak pit)

배수로
(Drain)

"유"자 트랩
U-trap

<그림 5.4> 단독 침전조 수세식 화장실 개념도

간을 만들 수 있으므로 너무나 많은 물이 일시적으로 빠져나가지
않도록 한다. 점토성분과 같이 투수성이 나빠서 물이 빠져나가지
않을 경우에는 일정한 물이 빠져나갈 수 있도록 한다. 침전조 주변
에 파이프를 설치해서 별도 배수구를 통해서 물이 빠져나가는 것이
점토와 같은 불투수성 토양에서는 필요하다.

토양 성질과 더불어 우기 시 지하수위를 고려해야 한다. 화장실
을 설치하는 지역의 지하수위가 침전조 바닥 깊이에서 1m 이상 떨
어지는 곳에 설치한다. 만약 1m 이상 충분히 거리가 확보되지 않
을 경우에는 화장실의 설치 위치를 높이거나 침전조의 깊이를 조정
하여 설치한다.

바닷물이나 우기 시 홍수가 나는 지역에서는 물이 범람할 때에 침전조가 수면 아래로 잠기지 않도록 한다. 또한 우기 시 갑자기 지하수위가 높아지므로, 화장실 설치 위치를 최대한 높여서 설치한다.

침전조에 있는 찌꺼기들은 우기가 시작하기 전 건기의 마지막 시기에 제거하여 화장실 인근에 묻어서 약 1년 동안 분해되도록 해야 한다. 완전히 분해된 찌꺼기들은 퇴비 등으로 활용이 가능하다.

단독 침전조 수세식 화장실의 단점으로는 분뇨가 내려가는 부분에서 물과 같이 내려가면서, 침전조와 연결된 부분에서 냄새 등을 막아주는 U-trap(유트랩)을 잘못 이용하거나 화장실 이용 습관에 따라서 잘 막힐 수 있다. 대변 후에 화장지 등으로 닦을 때 많은 양의 휴지를 사용하거나, 물을 만나면 부풀어 오르는 재질의 물건을 사용한다면, U-trap(유트랩)이 자주 막힐 수 있다. 이런 경우에는 별도의 휴지통을 두어서 수거해야 한다. 별도로 수거되는 휴지 등은 태우거나 땅에 묻어서 대장균 및 병원균이 확산되지 않도록 한다.

단독 정화조 수세식 화장실의 장점은 설치, 운영, 관리가 쉽다는 것이다. 화장실을 이용하는 과정에서 정기적으로 비누와 세제로 물청소를 해서 분뇨가 화장실에 남지 않도록 하고, 매일 화장실 내부를 청소해서 화장실이 청결하게 유지되도록 한다. 유지보수를 위해서 매달 정기적으로 지붕이나 건물의 내·외벽, 화장실 바닥 등의 깨어진 틈의 유무 및 환기구, 모기장, 문고리 등을 점검하고 보수해야 한다.

5.3. 이중 침전조 수세식 화장실
(Offset double pit toilet with pour flush)

이중 침전조 수세식 화장실은 단독 침전조 수세식 화장실에 편의성을 높이기 위하여 침전조를 한 개 더 추가한 것이다. 단독 침전조일 경우 1년 동안 사용하고, 건기에 찌꺼기를 제거한 후 다시 재사용하는 과정을 거쳐야 되지만, 이중 침전조 수세식 화장실은 1년간 사용했던 침전조 사용을 마치고, 다른 빈 침전조를 사용한다. 단독 침전조에 비해서 1년 동안 꺼내지 않고, 침전조 내부에서 분해과정을 거치므로 찌꺼기의 냄새나 수분 등이 제거된다.

이중 침전조 수세식은 1년 동안 침전조에 그대로 찌꺼기를 두기 때문에 최종 처리를 위해 꺼낼 때 양이나 수분 및 냄새가 적어서 훨씬 쉽게 제거할 수 있다는 것은 단독 침전조와 구별되는 장점이다. 단독 침전조라면 수분이 있는 오염된 상태로 찌꺼기 외부에 노출하여 처리하지만, 침전조에서 1년 동안 분해과정을 거치기 때문에 외부에서 접촉을 통해서 발생할 수 있는 오염이 원천적으로 제거될 수 있으므로 좀 더 안전하다는 장점이 있다.

단일 침전조 수세식 화장실은 물을 빼고, 찌꺼기를 제거하는 작업을 건기에 해야 하지만, 이중 침전조는 별도의 침전조를 가지고 있

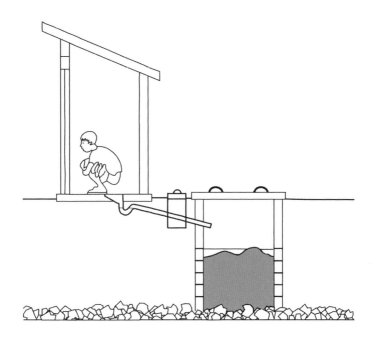

<그림 5.5> 이중 침전조 수세식 화장실 개념도
(Modified form WEDC, 2002)

어서, 청소하는 작업을 건기에 꼭 맞출 필요가 없으므로 침전조 사용 기간의 유동성을 발휘할 여유가 있다. 침전조를 2개 이상 추가 설치하면 제거하는 기간을 자유롭게 조정할 수 있다. 특히 학교와 같이 부지가 넓고, 사용하는 기간과 방학과 같이 사용하지 않는 기간이 확연히 구분되는 곳에서는 사용하는 기간과 사용하지 않는 기간을 나누어서 침전조 개수를 조정할 수 있다.

1년 동안 침전조에서 완벽하게 분해된 대소변의 찌꺼기들은 비료 등으로 사용이 가능하다.

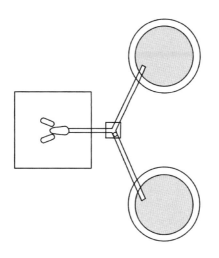

<그림 5.6> 이중 침전조 수세식 화장실 평면도
(Modified form WEDC, 2002)

이중 침전조 수세식 화장실을 설치하기 위한 고려 조건은 단일 단독 침전조 수세식 화장실과 동일하다. 지하수위가 높은 곳에서는 화장실 건물 위치를 높이고, 침전조 바닥과 지하수위와의 차이를 최소 1m 이상을 확보해야 한다.

홍수가 범람할 위험이 있는 지역에서는 침전조에 외부의 물이 들어가지 않도록 한다.

단독 정화조 수세식 화장실과 동일하게 지반을 이루고 있는 토양의 투수성이 중요하다. 모래와 같이 투수성이 좋은 흙으로 된 지역에서는 침전조 주변을 시멘트 등으로 바르는 라이닝을 설치하여, 침전조에서 빠져나간 물이 너무 빨리 빠져나가지 않도록 해야 한다. 점토질과 같은 투수성이 좋지 않은 토양이 있는 지역에서는 침전조의 물들이 외부로 빠져나갈 수 있도록 배수를 위해서 파이프 등을 설치하는 작업을 해야 한다.

하나의 화장실에서 각각의 침전조로 연결을 조절하기 위해서, 화장실과 U-trap(유트랩)에서 내려오는 파이프 중간에 침전조를 선택하기 위한 밸브나 마개를 설치한다.

수세식 화장실의 가장 큰 단점은 U-trap(<그림 5.3>)이 자주 막힐 수 있다는 것과 너무나 많은 화장지를 사용하는 경향이 있는 곳에서는 막힘을 방지하기 위해서 별도의 휴지통을 두고, 화장지 쓰레기 등을 수거해서 태우거나 안전하게 땅에 묻는 과정이 필요할 것이다.

이중 침전조 수세식 화장실을 만들 때 주의해야 할 점은 각 침전조가 너무 가까울 경우에는 사용 중인 침전조에 있는 물들이 사용하지 않는 침전조로 들어와서, 분해과정이 어렵게 되는 경우가 발생할 수 있으므로, 침전조와 침전조 사이의 거리는 최소한 침전조 지름 이상을 확보해야 한다. 또한 침전조들이 너무 멀리 떨어질 경우 연결관 파손 등의 문제가 발생할 가능성이 높으므로 토양의 특성에 따라서 적절한 간격 및 상부보호시설을 설치해야 한다.

이중 침전조 수세식 화장실의 장점도 단독 침전조 수세식 화장실과 동일하게 설치, 유지, 관리가 용이하다는 것이다. 모든 화장실이 동일하게 정기적으로 비누나 세제로 청소를 해서, 화장실에 남아 있거나 묻어 있는 대소변을 제거해야 한다.

또한 매달 정기적인 점검을 통해서, 벽체, 바닥, 지붕 등의 각종 시설물에 균열이나 문제가 발생되지 않도록 한다.

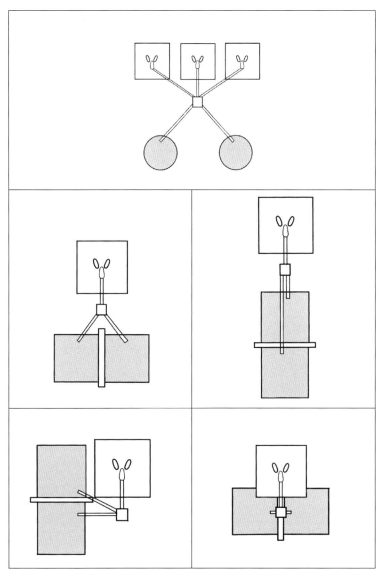

<그림 5.7> 이중 침전조의 다양한 적용 사례
(Modified from WEDC, 2002)

Construction of Twin Leach Pit Toilet at Sepahijala District, Tripura

조회수 1,517,852회 • 2019. 1. 1.　　　　　　　👍 8.4천　　👎 1.2천　　↱ 공유　　≡₊ 저장

DM & Collector Sepahijala
구독자 1.16만명

<그림 5.8> 이중 침전조 화장실의 설치 동영상(Youtube)
(https://www.youtube.com/watch?v=8u5F5GHMVeg)

5.4. 정화조 화장실(Septic tank Latrine)

정화조는 화장실의 폐수와 생활하수를 모아서 처리하도록 설계되어 있다. 정화조는 오수의 찌꺼기가 침전하여, 바닥에서 혐기성 분해 처리가 일어나고 찌꺼기가 없는 맑은 유출수만 배출되는 시설이다. 정화조는 가정에서 화장실과 기타 생활폐수를 같이 처리하는 시설로 만들 수도 있고, 화장실 전용 정화조를 만들 수도 있다. 국내와 같이 FRP 정화조를 판매하는 지역에서는, 기성품을 구매하여 사용할 수 있다.

정화조 형식은 다양하게 만들 수 있다. 국내의 경우 3개의 공간으로 나누어져 1차 부패조, 2차 부패조, 최종 여과조를 거치는 방식으로 만들기도 하고, 미국의 경우에는 1개의 정화조를 가진 것과 1차 부패조, 2차 침전조 등 다양한 역할과 방식으로 만들 수 있다.

그러나 대부분의 정화조의 역할은 비슷비슷한 방식으로 구성되어 있다. 용량의 차이는 화장실 분뇨만 처리할 것인지, 오수를 같이 처리할 것인지 등을 파악해야 하지만, 개발도상국에서는 설치하는 지역의 여건에 맞도록 지역 행정기관이나 원조기관에서 주로 채택하는 방식으로 참고하여 설치하면 된다.

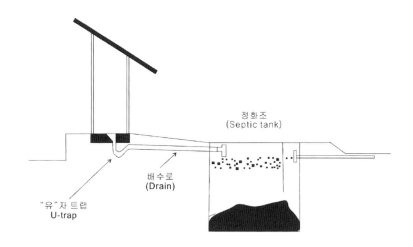

정화조
(Septic tank)

배수로
(Drain)

"유"자 트랩
U-trap

<그림 5.9> 정화조 화장실 개념도

정화조의 역할을 구분하면, 침전(settlement), 부상(flotation), 슬러지 소화 및 응고(sludge digestion and consolidation), 안정화(stabilization) 등 4단계로 구분할 수 있다.

침전(settlement)과정에서 무거운 물질들이 정화조 탱크의 바닥으로 가라앉아서 슬러지가 된다. 이렇게 침전되는 물질들은 80%가 차게 되면, 진공펌프차량 등으로 제거해야 한다.

부상(flotation)과정에서 오일과 같이 가벼운 물질들은 물 위에 떠서 스컴층(layer of scum)으로 떠 있다. 거품 등과 같이 조금 두껍고, 단단한 것이 떠 있는 경우도 있다. 하수를 처리할 때 물 위로 떠오르는 부유물 찌꺼기의 스컴(scum)이라고 한다.

슬러지 소화 및 응고(sludge digestion and consolidation)로 무거운 슬러지는 탱크 면 바닥으로 쌓이게 되고, 새로운 슬러지는 다시 그 위에 쌓이게 된다. 새로운 슬러지의 무게에 의해서 아래에 있는 층은 점점 촘촘하게 쌓이게 되고, 박테리아와 같은 미생물에 의해서 슬러지가 분해되고, 액체와 가스로 분리된다. 남는 찌꺼기는 응고되는 과정을 거친다.

안정화(stabilization) 단계에서 자연적으로 정화 과정을 거치지만, 완벽한 정화는 이루어지지 않는다. 최종적으로 배수 유출수는 혐기성이고 회충, 십이지장충의 알과 같은 병원균을 포함할 수 있다. 최종적인 유출물은 슬러지로 남게 되고, 이러한 슬러지들은 적정한 처리시설 등에서 폐기하여야 한다.

개발도상국에서는 인구가 밀집된 도심 지역을 제외하고는 정화조 탱크의 수요가 많지 않아서, 현장에서 직접 제작 설치하는 방법을 많이 사용한다. 가정집 내부에서 화장실을 넣을 경우에는 하수도와 통합하여 정화조를 크게 만들어서 설치하면 된다.

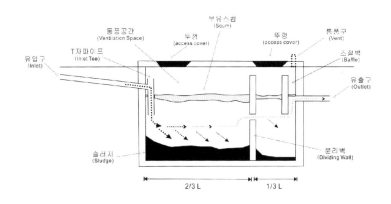

<그림 5.10> 정화조 개념도

대소변이 정화조에 들어가서 3일 정도까지 머무르면서, 배설물 찌꺼기는 부패 과정을 거치며 분해되어 슬러지가 되고, 화장실에서 이용한 물들은 걸러져 정화된다.

정화조에서 나온 처리수는 마을 하수도를 거쳐서 중앙 시스템까지 흘러가도록 한다. 정화조에서 나온 하수가 마을 중앙 집중 처리 하수시설이 별도로 만들어져 있지 않는 경우에는 하수도를 타고, 토양에 들어가서 물은 증발하거나, 토양의 자정작용을 거치면서 지하로 함양되거나 유출되는 과정을 거치면서 강이나 하천과 연결된다.

별도의 하수도 시스템이 구축되지 않은 곳에서는 정화조 끝단에 자체적으로 처리하는 시설을 설치할 것을 권고한다.

미국의 정화조 형식

미국 정화조의 일반적인 형태는 <그림 5.11>과 같이 길이와 폭의 비율이 3:1 정도이고, 수심은 최소 36인치(91.44cm), 유입부와 유출수의 수위 높이차는 2~3인치(5.08~7.62cm)이며 유입부 T관 및 유출부 T관은 수심의 30~40%까지 잠기도록 설계한다. 단독주택의 정화조 총 유효용량은 2.8~5.6㎥로 가족 수 등에 따라 다양하다(Tchobanoglous and Schroeder, 1985).

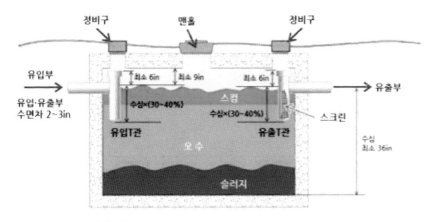

정비구　　　맨홀　　　정비구

유입부

유입·유출부
수면차 2~3in

최소 6in　최소 9in　최소 6in

수심×(30~40%)

스컴

수심×(30~40%)

유입T관

유출부

스크린

유출T관

오수

수심
최소 36in

슬러지

길이 : 폭 = 3 : 1

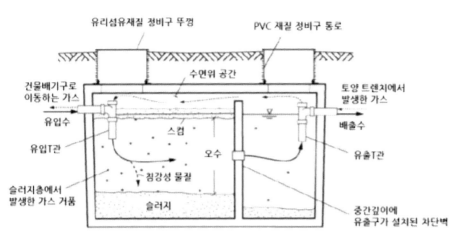

유리섬유재질 정비구 뚜껑　　　PVC 재질 정비구 통로

수면위 공간

건물배기구로
이동하는 가스

유입수

유입T관

슬러지층에서
발생한 가스 거품

스컴

침강성 물질

오수

슬러지

토양 트렌치에서
발생한 가스

배출수

유출T관

중간깊이에
유출구가 설치된 차단벽

자료 : U.S. EPA, 2005, A Homewner's Guide to Septic systems; WERF, 2010, Evaluation of Greenhouse Gas Emissions From Septic Systems,

<그림 5.11> 미국의 부패식 정화조 구조
출처: 유기성, 김영란, 2010, 서울시청 개별연구원

5.4.1. 침전조 결합 정화조 화장실

침전조 결합 정화조 화장실은 하수도 시스템이 없는 지역에서 정화조를 설치하고, 별도의 침전여과조를 두어서 물이 땅속으로 스며들게 하는 방식이다. 앞에서 언급했던 침전조에서는 대소변을 바로 가라앉히는 방식이었다면, 정화조에서 한 번 걸러서 침전을 시킨 상대적으로 깨끗한 배출수로, 침전되는 효율이 높고, 토양에 좀 더 깨끗한 배출수를 배출할 수 있다는 장점이 있다.

U-trap(유트랩)을 지나 배수로를 거쳐 나온 분뇨가 물과 함께 정화조 탱크로 들어오면, 분뇨와 같은 찌꺼기는 무게에 의해서 침전되어 하부로 가라앉게 된다. 물의 상부는 물보다 가벼운 스컴이 물에 떠서 있고, 상대적으로 이물질이 가장 작은 중간층에 비교적 깨끗한 물이 있게 된다.

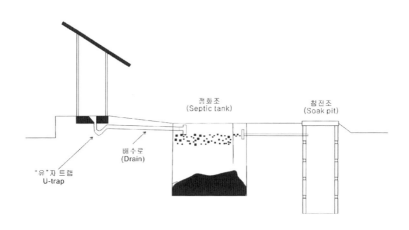

<그림 5.12> 침전조 결합 정화조 화장실

정화조는 지역이나 이용자 수에 따라 차이가 많이 있지만, 가정용일 경우에는 3~5년 정도 사이에 정화조의 찌꺼기들을 제거하면 된다.

정화조 하부에도 격벽을 두어서 유입부와 유출부가 분리되어 각각의 격실이 될 경우에는 유입부가 유출부의 2배 이상 되도록 하고, <그림 5.12>와 같이 공간·예산·기술의 제약으로 하부에 격벽이 없을 경우에는 적정한 높이에서 상부 격벽을 분리하도록 한다.

정화조는 배설물이 분해되는 과정에서 가스가 발생하므로 가스폭발이 발생하지 않도록 환기가 되도록 한다. 또한 홍수가 발생할 경우 외부의 물이 정화조나 침전조 내부로 유입되지 않도록 한다.

여름철에 홍수 등으로 침수가 되는 지역에서는 정화조를 설치할 때 기술자들과 충분히 상의해서 설치해야 한다.

침전여과조(soak pit)는 정화조에서 나온 물이 토양 자정작용을 할 수 있도록 조금씩 천천히 지하로 흘러 나가도록 하는 장치이다. 침전여과조는 지하수위와 최소 1m 이상 거리를 두어야 한다. 특히 지하수위는 우기에는 상승하므로 지역적인 여건을 가장 많이 고려해야 한다.

침전여과조의 용량은 정화조의 크기와 비슷하도록 하고, 토양의 특성에 따라서 침전조에 있는 물이 토양으로 빠져나가는 것을 고려하여 설치해야 한다. 침전조의 경우에는 땅속으로 물이 빠져나가야 되므로 적절한 토양의 투수성이 필요하다. 침전여과조의 벽면은 너무 빨리 토양으로 빠져나가지 않는다면 주변에 시멘트로 방수처리를 하지 않고, 돌이나 블록 등을 이용해서 무너지지 않도록 보강만 하면 된다. 침전조 지표면 상부 0.3m 이상은 지표에 있는 빗물이나 각종 외부의 용수들이 침전여과조로 유입되지 않도록 콘크리트 링을 설치한다. 시멘트 라이닝을 할 수 있다면, 지표면에서 0.5m까지 단단하게 침전여과조가 무너지지 않도록 보강을 하거나 콘크리트 구조물을 설치하고, 철제보강 콘크리트 슬래브 등으로 침전여과조를 보강해야 한다.

침전조와 정화조는 사람들이나 차량의 이동 등으로 파손이 발생하지 않도록 설치할 때부터 위치 선정을 유의해야 한다.

침전조 결합 정화조 화장실도 지하수위가 높은 곳이나 해일, 홍수 등이 발생하는 지역에서는 화장실과 정화조, 침전조 등의 시설물들을 별도로 높여서 설치하여 홍수가 나더라도 분해되고 있는 대소변이 외부로 유출되거나, 외부의 더러운 물들이 화장실로 유입되지 않도록 해야 한다.

정화조와 연결된 침전여과조의 장점으로는 수세식 화장실을 이용하고, 배출수가 땅속으로 스며들기 때문에, 비교적 운용 유지가 편리한 측면이 있다.

단점으로는 다른 화장실에 비해서 설치 및 건설하는 데 기술력과 비용이 많이 들어간다는 점이다. 또한 월별 점검 항목으로 벽체, 구조물, U-trap 등의 점검과 더불어, 적절한 유지보수를 해야 한다. 주변 오염을 방지하기 위해서 일상적인 화장실 청소는 세제를 이용하지만, 너무 많은 살충제나 세제를 사용하지 않도록 한다. 정화조는 일반적으로 3~5년 주기로 청소하고, 정화조에서 분해되는 고형물들이 1/2~2/3 정도 찰 경우에는 청소를 실시한다. 정화조 내부의 슬러지들은 유해할 수 있으므로 기계 등을 이용해서 제거하고, 별도의 펌핑카 등이 정화조에서 꺼낸 슬러지들을 수거하는 시스템이 없을 경우에는 지표면에 구덩이를 파고 묻어서 1년 이상 분해되도록 한다.

대부분 문제점의 주요 원인은 대소변 및 세척수 액체가 너무 많이 발생하기 때문이다. 한꺼번에 많은 양이 들어오게 되면, 갑자기 오염물의 농도가 너무 높아져서 가라앉아야 될 입자들이 떠 있게 된다. 정상적으로 이용되는 경우에는 정화조에서 침전조로 깨끗한 배출수가 나가지만, 용량을 초과하게 되면 찌꺼기가 포함된 배출수가 침전조로 흘러가게 되어, 정화조가 적정한 역할을 하지 못한다.

모든 수세식 화장실은 용수 공급이 원활한 지역에 설치하고, 수세식 화장실이라도 청소를 하지 않으면 급속히 더러워지는 경향이 있으므로, 용수 공급 등의 지역적 특성에 맞는 형태로 설치한다.

5.4.2. 침출지(Leach Field)

침출지(leach field) 또는 배수지(drainage field)로 불리는 <그림 5.13>과 같은 장치는 파이프에 구멍이 뚫린 유공관을 통해 깨끗한 물이 나가서 지표면으로 골고루 침투되도록 한다. 정화조의 성능이 부족할 경우에는 찌꺼기가 포함된 물이 흘러나와서 악취나 미생물 등의 예상치 못한 다양한 현상이 발생될 수 있으므로, 정화조의 역할이 중요하다. 침출지(leach field)를 설치하는 것은 별도로 하수도 시설이 없는 곳에서 공간이 충분할 경우, 넓게 지표하부로 침투되면서 자연적인 자정작용을 활용할 수 있다.

정화조에서 나오는 하수들은 여러 갈래로 나누어진 유출파이프로 골고루 분산시키기 위해서, 정화조와 유출파이프 사이에 분산조(distribution box)를 두어서 침출지의 역할을 하지 못하는 유출파이프가 없도록 해야 한다. 기술적으로 침출지에 설치된 모든 유공관이 어느 한쪽으로 치우치지 않고 골고루 물이 퍼져 나가게 하는 것이 중요하다.

분산조(distribution box)는 유입되는 수압을 이용해 유출파이프로 물들이 골고루 분산되게 한다. 전체 침출지의 유출파이프들은

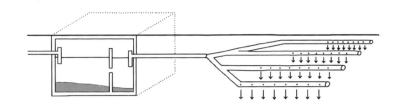

<그림 5.13> 침출지(leach field) 개념도

지표면과 가까워서 호기성 환경으로 만들어 방출되므로 화장실을 이용하는 과정에서 하루 3~4회 물이 방출되게 된다. 침출지로 방출하는 물의 양은 화장실에서 사용하는 물의 양과 비슷하게 되므로, 이를 고려하여 침출지의 파이프 숫자와 규격을 결정할 수 있다.

침출지로 활용되는 유공관은 트렌치를 파서 그 안에 유공관을 설치해서 침출지 기능을 가지도록 한다. 각각 방출되는 트렌치는 지표면하 0.3~1.5m 깊이를 가지고, 각각 유출파이프마다 간격은 0.3~1.0m의 폭을 가진다. 트렌치 최하부에서 15cm 두께의 깨끗한 자갈들을 깔고, 유공관 분산 파이프를 그 위에 설치한 후, 유공관 파이프 최상부까지 높이가 같아지도록 자갈을 더 채운다. 유공관이 채워진 상부에는 부직포와 같은 지오텍스타일(geo-textile) 섬유를 깔아서 지표면에서 내려가는 작은 흙 입자들이 유공관을 메우거나 암석들 사이에 끼어서 막힘 현상이 발생하지 않도록 하고, 지표면에서 유입되는 빗물과 같은 물만 통과하도록 한다.

지오텍스타일에는 다시 모래나 자갈, 흙 등으로 지표면까지 채워서 트렌치를 막는다. 유공관은 지표와 최소한 15cm 이상 떨어져, 정화조에서 나온 물이 지표까지 올라오는 일이 없도록 한다.

트렌치(trench)들은 최대한 20m 이내로 설치하고, 각각의 트렌치는 1m 정도 간격을 두고 설치하는 것을 권장한다.

향후 중앙하수도 처리 시스템 시설이 만들어질 경우를 대비해서, 인근 도로의 위치 등을 종합적으로 고려하여 향후 하수처리관이 연결될 때 침출지의 파이프들이 간섭현상이 발생되지 않도록 설치 위치를 결정해야 한다.

침출지(leach field)는 넓은 부지와 좋은 흡수 능력으로 유출수를 잘 분산시킬 수 있는 불포화된 토양이 있어야 한다. 과포화된 토양이 많은 도심 인근의 인구 밀집 지역에서는 침출지(leach field) 공법이 부적절하다.

대부분의 온도에서는 여과지가 큰 문제가 없지만, 지표면이 영하로 떨어지는 지역에서는 배출수가 중간에 얼어버려서 침투 능력이 저하될 수 있으므로 주의가 필요하다.

침출지가 있는 가구의 가구주는 적절한 유지 및 운영 방법이 필요하다. 나무 또는 뿌리가 깊은 작물을 재배하면 식물 뿌리로 인한 여과지 시스템 파손이나 여과지 지층 혼란이 있으므로, 식물을 재배하거나 나무를 심기를 자제해야 한다.

유출수가 지하에서 자체적으로 정화되면서 퍼져 나가게 되고, 직접적인 접촉이 없어서 유해성이 없지만, 지하수에 직접적으로 만나게 된다면 보건학적인 유해성이 증대되므로, 최소한 식수로 사용하는 식수원에서 30m 이상 떨어지도록 하고, 식수원 하류 방향에 침출지를 설치하여 식수가 오염되지 않도록 해야 한다.

침출지 사용이 불가능하게 되는 경우는 토양들 사이에 막히는 현상인 크로깅(clogging)이 발생하지만, 일반적으로 침출지는 유출수의 이물질 함유 여부에 따라 차이가 있지만, 20년 이상을 사용할 수 있다. 침출지는 땅속에 들어 있어서 최소한의 관리만 필요하기 때문에 편리하다. 침출지를 사용하지 않을 경우 파이프 시스템에 오히려 이물질들이 정체될 수 있으므로, 사용 목적이 종료되면 철거를 해야 된다.

운영과정에서 유의해야 할 점은 나무나 뿌리가 깊은 식물을 심지 않는 것과, 무거운 트럭과 같은 차량 통행이 발생하거나 무거운 물체나 구조물이 침출지 위에 놓이게 되어, 내부의 관이나 시스템에 다짐 및 투수층에 교란이 발생하지 않도록 하여야 한다.

침출지 장단점을 정리하면 다음과 같다.

- 침출지는 처리와 배출을 동시에 할 수 있다.
- 한 번 설치하면 내구성과 평균수명이 길다는 장점이 있다.
- 별도의 운영 유지를 위한 기술이나 비용이 필요하지 않다.
- 비교적 설치비용이 저렴하다.
- 설계 및 시공에 전문가가 필요하다.
- 일부 부속품은 지역에서 나오는 부품이 아닌 공산품을 구매해야 한다.
- 넓은 부지가 필요하다.
- 전처리 시스템에서 막힘 현상을 방지하기 위해서 이물질 제거가 철저하게 되어야 한다.
- 토양이나 지하수에 이물질이 방출되므로 일부 유해할 수도 있다.

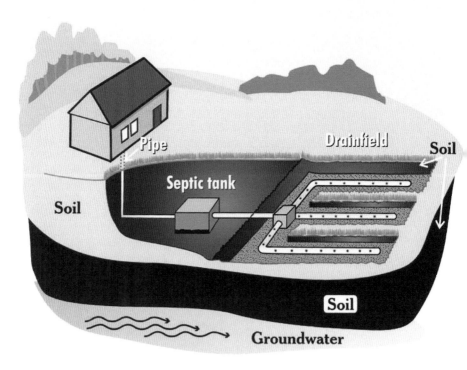

<그림 5.14> 정화조를 포함하는 침출지
(EPA)

5.4.3. 부유식물 연못정화(Floating Plant Pond)

부유식물 연못정화는 정화조에서 흘러나오는 폐수를 연못 침전조에 모아, 대형 부유식물을 키워서 정화 효율을 높이는 것이다. 물히아신스(water hyacinth)와 좀개구리밥(duckweed)이 떠 있으면서 식물 뿌리는 물속에서 각종 정화조를 통과한 폐수에서 영양분을 공급 받으면서, 폐수를 깨끗하게 만들어서 땅속이나 하수도로 배출하는 방식이다.

물히아신스는 담수에서 살고 있는 다년생 대형 수생식물로 영양분이 많은 폐수에서도 빨리 성장한다. 물히아신스는 0.5∼1.2m 높이로 성장할 수 있고, 기다란 뿌리는 흘러가는 물속에서 유기물을 분해하는 박테리아가 서식할 수 있는 공간을 제공해 준다.

좀개구리밥은 단백질(protein)이 많고, 빨리 성장하는 식물로서 말리거나 생것으로 가축이나 물고기의 사료로 사용할 수 있다. 좀개구리밥은 다양한 조건에서 폐수에 포함된 영양분을 빨리 제거하는 효과를 가지고 있다.

일부 지역에 살고 있는 수상식물 중에서 폐수에도 잘 자라는 것이 있다면, 기후에 맞는 토착수상식물을 이용하는 것도 좋은 방법이다. 수상식물에 여분의 산소를 제공하는 공간을 만든다면 비용 등이 증가할 수 있으나, 폐수처리 용량의 여분이 많아질 수 있다. 공기가 적은 연못에서는 뿌리에 증식하고 있는 박테리아가 폐수와 접촉하는 것이 불충분할 수 있다.

부유식물 연못정화는 부지를 넓게 이용이 가능한 곳에 연못을 새로 만들거나 기존에 있는 연못을 이용해서 사용할 수 있다. 부유식물 연못정화를 적용할 수 있는 기후는 온대나 열대기후인 곳이 적

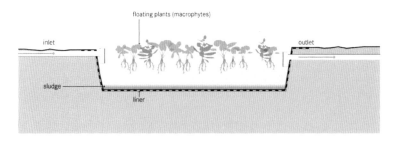

<그림 5.15> 부유식물 연못정화 개념도

정하며, 연못이 얼어버리면 수생식물의 활동이 어렵게 된다. 많은
양의 강수나 최소의 증발산량이 있는 곳이 적정하다. 부유식물 연
못정화기술은 부유물이나 높은 BOD를 저감하는 데 효과적으로 사
용할 수 있지만, 미생물이나 병원균을 제거하는 데에는 실질적인
효과가 없다.

재배된 물히아신스(water hyacinth)는 로프, 바구니 등을 만드는
재료로 활용할 수 있다. 식물을 재배하면서 수익을 발생시킬 수 있
기 때문에 이 기술은 비용 대비 효과가 높으며, 좀개구리밥
(duckweed)은 일부 초식성 물고기(herbivorous fish)의 먹이로 사용
할 수 있다.

물히아신스는 라벤더 꽃을 피우기 때문에 미관상 효과가 좋다.
계획적으로 유지보수 되는 시스템을 만든다면 버려진 땅에 수생식
물을 키우게 되어 미관이나 외적으로도 효과가 있다.

사람들이 자주 찾는 곳에서는 병원균을 함유할 수 있으므로, 적
절한 표지판이나 펜스를 설치하여 사람들이나 동물들이 물과 접촉
하는 것을 방지해야 한다. 만약 연못에서 작업을 할 경우에는 방수
복을 입어야 한다. 외관은 깨끗해 보이지만, 생물학적 오염은 완벽

<그림 5.16> 물히아신스(water hyacinth)
(by Bernard DUPONT (flickr))

히 저감되지 않은 상태이므로, 정화조에서 정화된 물이 흘러나오는 곳이므로 적정한 폐수 및 대소변의 접촉 등의 발생을 최대한 방지해야 한다.

부유식물 연못정화는 수생식물들을 적절한 수확이 필요하다. 수확된 수생식물들은 수공업 형태의 재료로 활용하거나, 퇴비로 활용할 수 있다. 정기적인 수확을 통해서 모기 유충들이 발생하는 문제를 저감할 수 있다. 연못은 모기 유충이 많이 서식할 수 있으므로, 모기 번식 시기 등을 고려하여 수확하는 것도 필요하다.

연못 하부에 침전되는 이물질들의 양에 따라서 하부의 슬러지들을 제거해야 한다.

<그림 5.17> 좀개구리밥(duckweed)
(by Mokkie (wikimedia commons))

부유식물 연못정화의 장단점은 다음과 같다.

- 물히아신스(water hyacinth)는 빨리 성장하면서 외관상의 장점
  이 있다.
- 수생식물을 재배함에 따라 지역 일자리 창출 등이 일어날 수
  있다.
- 비교적 저비용으로 유지할 수 있다.
- 높은 BOD와 부유물을 제거하는 효과가 있다.
- 지역적인 자재를 활용하여 만들 수 있다.

물히아신스(water hyacinth)로 수처리를 하는 단점은 다음과 같다.

- 병원균이나 미생물의 저감 효과는 낮다.
- 연못을 설치하기 위한 많은 부지가 필요하다.
- 외부에서 들어오는 수생식물이 토착식물에 유해가 될 수 있으
  므로 수생식물의 선정에 주의가 필요하고, 최대한 토착수생식
  물 중에서 고르는 것이 좋다.

5.4.4. 증발산조(Evapotranspiration mound)

증발산조(evapotranspiration mound) 화장실은 수세식 화장실에서 나오는 폐수를 정화조(septic tank)로 1차 처리하고, 정화조에서 나오는 물을 증발산이 가능하도록 증발산조(evapotranspiration mound)를 두어 발생되는 정화조 처리수를 처리하는 것이다.

증발산조는 모래와 자갈로 채워진 곳을 만들어서 정화조에서 나오는 처리수를 바람이나 태양광을 이용하여, 지표면에서 대기로 증발시키는 것이다.

증발은 태양의 빛에 의해서 온도가 올라가면서 발생하기도 하지만, 바람이 많이 부는 곳에서도 발산이 잘 이루어지기 때문에 처리할 용량과 부지면적을 계산하면, 처리수를 모두 증발산으로 처리할 수 있다. 증발산조는 암반으로 이루어진 지역이나, 지하수위가 높아서 굴착하기 어렵고, 침투조를 설치하기 어려운 지역에 적용할수 있다.

증발산조는 화장실 자체를 높여야 되는 지역이나, 처리수 배출이 어려운 지역에서 설치하는 것을 권장한다.

수세식 화장실에서 정화조(septic tank)를 거친 처리수를 증발산조(evapotranspiration mound)에서 말려버리기 때문에 정화조 없이 유출하는 것보다 슬러지를 처리하는 데 장점을 가지고 있지만, 증발산조도 증발산이 일어나는 곳을 항상 비워 놓거나, 슬러지나 이물질을 청소하는 등의 작업은 필요하다. 또한 증발산조에 모래나 자갈을 깔아서 빨리 증발되도록 만드는 것이므로, 모래 교체 등 적절한 작업을 통해서 유지관리를 해야 한다.

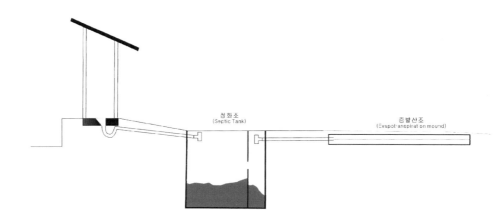

성화소
(Septic Tank)

증발산조
(Evapotranspirat on mound)

<그림 5.18> 증발산조 개념도

제6장

수상 화장실

수상가옥이거나, 하천 주변 거주하는 등 물과 가까운 환경의 화장실은 강이나 하천, 연못 등과 같이 주변의 물을 통해서 대소변에 있는 병원균 확산이 급속히 일어나므로 보건 위생을 위해서 화장실의 개선과 관리가 필수적이다.

수상가옥이나 하천, 강 인근 지역은 화장실과 생산, 거주지가 동일하거나 밀접한 공간에서 이루어진다.

물과 밀접한 지역의 화장실 개선은 수상 화장실 사용자가 직접적인 혜택을 보기보다는 많은 주변 사람들이 같이 혜택을 보는 구조이므로, 수상 화장실 개선 프로젝트는 여러 가구가 대규모로 참여하는 것이 효과를 높일 수 있다.

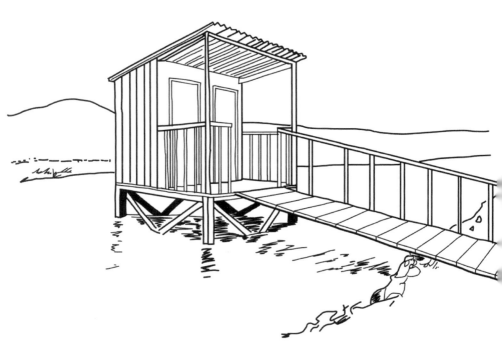

<그림 6.1> Over-hang(오버행) 화장실 개념도
(Modified from WEDC, 2002)

6.1. Over-hang(오버행) 화장실

Over-hang(오버행) 화장실은 일반적으로 물 위에 구조물을 만든 것으로, 쪼그리고 앉아서 대소변을 보면서 분뇨가 물로 바로 낙하하여 수중으로 들어가는 구조이다. Over-hang(오버행) 화장실은 별도로 대소변을 처리하지 않으므로, 지속적인 홍수 범람 지역에서 다른 화장실을 도저히 만들 수 없을 경우에만 적용해야 한다. 실제로 범람 지역에서는 선택할 수 있는 화장실이 많지 않다.

분뇨가 유입되는 물은 건기에도 연중 충분한 깊이를 가지도록 하고, 물의 양이 적을 경우에는 대소변으로 인한 냄새 및 염분 등의 유해성이 높아지므로, 거주 지역에서는 최대한 떨어진 곳에 설치해야 한다.

물 위에 지붕이 있는 구조물이 설치되고, 많은 사람들이 공동으로 이용하기 때문에 구조물 자체의 안정성을 가져야 한다. 수상 화장실에서는 깨끗한 물로 손 씻기 등이 어려우므로, 대변 이후에 화장지, 풀, 물을 사용하여 뒤처리를 할 경우에는 쓰레기 등으로 인한 오염 및 미관상 나쁜 형태를 보이므로 설치 및 관리에 세심한 주의가 필요하다.

<그림 6.2> Over-hang(오버행) 화장실
(WEDC, 2002)

6.2. Handy Pod(핸디 포드) 수상 화장실

Handy Pod(핸디 포드) 수상 화장실은 캄보디아의 톤레샵 호수 주변과 같이 습지(wet land)에서 수상가옥이 많은 지역에서 적용된 화장실 처리 기술이다. Handy Pod(핸디 포드)를 통해 주변 수질이

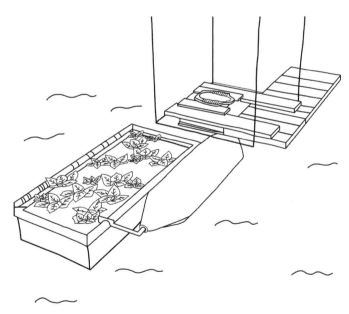

<그림 6.3> Handy Pod(핸디 포드) 개념도
(adapted from: www.wetlandwork.com)

대폭 개선되고 가정에서 더 깨끗하고 안전하게 물을 사용할 수 있다. 수상가옥 화장실 아래에 대소변을 처리함으로써, 시각적, 냄새, 모기, 화학물질 등의 위험을 최소화할 수 있다.

호주 국경없는 기술자회(ewb.org.au)는 2009년부터 Handy Pod (핸디 포드) 화장실 프로젝트를 캄보디아 톤레샵 호수 지역에서 시도하였다. 물 100ml에 대장균이 200~400unit의 변동을 보이고, 건기가 되면 대장균 수치가 4,000unit을 웃도는 이 지역의 각종 수인병 전염병을 줄이기 위해서였다. 처음에는 2개 통을 이용하여 필터링하여 폐수에서 병원균 제거를 시도하였다.

Handy Pod(핸디 포드) 시스템은 기계 장치 없이 중력으로 처리하도록 되어 있다. 화장실을 사용하고 주변에 있는 물을 부어서 청소하면서 분뇨가 같이 들어가는 구조로 2개의 플라스틱 용기를 통해서, 정수처리 되는 구조를 가진다.

<그림 6.4> Handy Pod(핸디 포드)
(www.wetlandwork.com)

약 3일 동안 화장실의 분뇨를 혐기성 조건에서 처리하여 병원균을 제거하고, 두 번째 폴리스틸렌 통에서는 잔류한 박테리아를 제거하는 역할을 한다. 각 정수처리 공정을 거친 이후에는 처리된 물이 강으로 방류되고, 방류되는 물은 방류 지점에서 1m 정도 퍼지고 난 후에는 안전하게 된다.

Handy Pod(핸디 포드)의 자세한 내용은 프로젝트를 하는 Wetlands Work이란 사회적 기업의 홈페이지 등을 참고하면 된다 (www.wetlandwork.com).

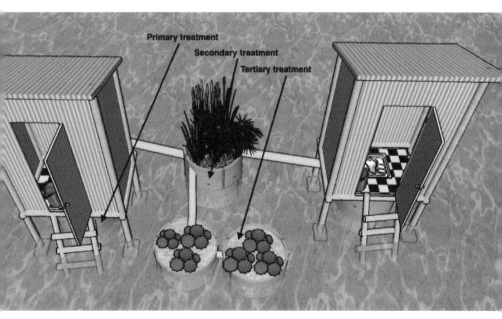

<그림 6.5> Handy Pod(핸디 포드) 설계
(www.wetlandwork.com)

제7장

장애인 화장실

(Handicapped Latrine)

장애인 화장실은 휠체어나 걷기가 힘든 사람들을 위한 시설로서, 접근을 보다 편리하게 하고, 불편한 움직임으로 인해서 화장실 내부에 더 많은 공간이 필요하므로 공간적인 검토가 필요하다. 또한 화장실을 이용하는 과정에서 지지대 등의 부가적인 편리성을 갖춘 시설을 갖추어야 한다.

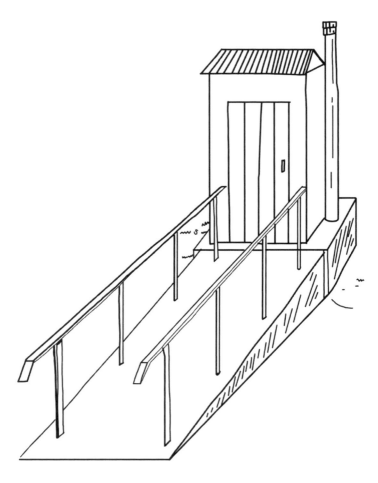

<그림 7.1> 장애인 화장실 개념도
(Modified from Lifewater, 2011)

7.1. 외부 접근로(Outside Access)

몸이 불편한 사람들이 화장실을 접근하기 위해서는 적절한 설계가 필요하다. 모든 화장실마다 넓은 접근로나 경사로가 필요한 것은 아니지만, 필요한 지점 등을 고려하여 설치해야 한다.

거주지에서 화장실까지의 접근로는 경사가 완만하고, 비가 오더라도 물이 고여 있지 않도록 배수가 잘 되도록 한다. 콘크리트나 자갈을 활용하여 만들 수 있으며, 접근로를 약간 높게 만듦으로써 배수가 잘 되도록 한다.

접근로는 충분한 폭을 가져야 한다. 휠체어가 통과하기 위해 약 1m 정도의 폭을 유지하고, 휠체어를 타고 움직이거나 목발을 짚고 가는 사람이 접근로에서 외부로 떨어지는 경우가 발생하지 않도록 한다.

시력이 약한 사람들을 위해서 접근로 옆에 난간을 설치하거나, 화장실로 인도할 수 있도록 일반 바닥면과 구분이 되는 돌출이나 홈 등으로 상황에 맞도록 시공한다.

지형적으로 경사가 있거나 화장실이 높은 곳에 있을 때에는 경사로(ramp)를 설치한다. 경사로에는 난간을 설치하고, 부지가 허락되는 범위에서 완만한 경사를 가져야 한다. 경사로 폭을 넓게 해서 경사로에서 떨어지는 일이 발생하지 않도록 한다.

휠체어 사용자가 타인의 도움 없이 화장실에 갈 수 있도록, 경사로가 너무 긴 경우에는 중간에 평지를 만들어 쉴 수 있는 공간을 만들고, 직선으로 설치하여 경사로에서 방향 전환을 할 필요가 없도록 한다. 만약, 경사로 중간에서 방향 전환 등이 필요할 경우에는 충분한 여유 공간과 난간을 추가적으로 설치하여 안정성을 확보한다.

출입구의 바로 앞에서는 평탄한 공간을 두어서, 휠체어에서 문을 열고 닫을 수 있도록 한다. 또한 평탄한 지역이나 경사로에서도 휠체어로 올라가는 것이 편리하도록 바닥면이 너무 미끄럽지 않도록 한다.

문 앞에 있는 평탄 지역은 출입구보다 최소한 0.5m 이상 넓도록 확보해야 한다.

7.2. 화장실 출입문(Latrine Door)

화장실 출입로는 사용자들이 열고 닫기가 편리하도록 만들어야 한다. 화장실 문은 바깥 방향으로 열리도록 하고, 수평 손잡이를 설치하여 휠체어를 탄 높이에서 내부나 외부에서 문을 쉽게 열고 닫을 수 있도록 한다.

수직 손잡이는 어린아이들도 이용이 가능하도록 긴 막대 형태를 적용한다. 수직이나 수평 부분의 손잡이 설치가 힘들 경우에는 대각선의 손잡이 막대를 설치하여 수평과 수직 손잡이 효과가 동시에 나도록 한다.

문에는 걸쇠를 설치하여 내부에서 문을 잠글 수 있도록 하고, 가벼운 자재를 사용하여 문이 너무 무겁지 않도록 하여, 열고 닫기가 편리하도록 한다.

또한 걸쇠는 충분한 강도를 가져, 사용자들이 문을 꽝 하고 닫더라도 문이 견딜 수 있는 내구성을 가져야 한다.

<그림 7.2> 화장실 출입문
(Modified from Lifewater, 2011)

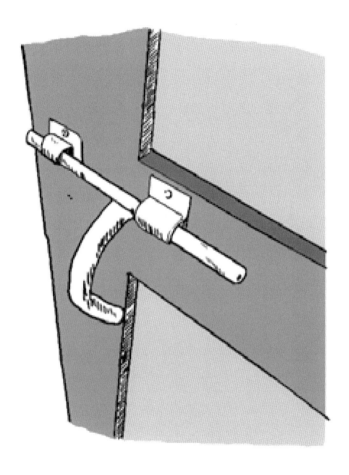

<그림 7.3> 화장실 걸쇠
(Modified from Lifewater, 2011)

7.3. 화장실 내부(Inside the Latrine)

  별도의 도움이 필요한 이용자들은 필요에 따라서 다양한 시설이
필요하다.

  휠체어가 문을 닫고 들어가서, 180도 회전이 가능할 정도로 화장

<그림 7.4> 화장실 내부
(Modified from Lifewater, 2011)

실 내부 공간이 충분해야 한다. 휠체어 앞쪽에 돌 수 있는 충분한 공간이 확보되어야 하며, 휠체어로 입출입이 가능해야 한다. 변기를 이용하기 위해서 휠체어에서 일어나서 움직일 수 있는 기둥이 필요하고, 변기에서 용변을 보는 도중에 잡을 수 있는 기둥이나 지지대도 필요하다.

기둥이나 지지대는 스스로 용변을 보는 사람들이 쉽게 찾을 수 있는 자리에 설치하고, 어느 방향에서도 접근이 가능하고, 편리하게 찾을 수 있도록 여러 방향에 설치한다.

변기의 의자를 높여서 쪼그려 앉아서 용변을 보는 것이 가능하도록 해야 한다.

화장실 바닥은 청결이 유지되도록 시멘트로 미장을 깔끔히 해서, 청소한 물이 잘 흘러가도록 하고, 화장실에 휴지통을 비치한다.

용변을 본 이후에는 스스로 손을 씻을 수 있는 적절한 세척시설을 갖도록 한다.

<그림 7.5> 화장실 도움 손잡이 기둥
(Modified from Lifewater, 2011)

제8장

저장조 청소

8.1. 인력 저장조 청소 및 수거 시스템

　개발도상국에서는 선진국과 달리 도로 여건이 좋지 않고 접근로
가 좁아서, 화장실 정화조 탱크를 청소하기 위해서는 여러 가지 방
법을 활용하고 있다. 접근로 사정이 좋지 않은 곳에서는 인력이나
다양한 형태의 진공펌프차량으로 청소할 수 있다.

　인력을 이용한 정화조 청소나 배변물을 이동하는 것은 각 현장의
위생 상황에 따라 여러 방법을 적용할 수 있다. 수동 펌프와 같은
장비를 사용하여 정화조나 대소변 저장조의 배설물을 바로 제거할
수 있다. 일반적으로 인력과 장비를 활용하는 <그림 8.1>과 같은
방법을 선택할 수 있다.

　인력으로 양동이(bucket)와 삽을 이용하거나, 슬러지를 제거하는
데 휴대용 수동펌프를 이용할 수 있다. 사람이 들어가서 양동이
(bucket)와 삽을 이용하여 말라 있는 분뇨 및 각종 슬러지를 제거
할 때에는 작업자가 안전한 복장을 착용해서 건강에 문제가 없도록
해야 한다.

　Fossa Alterna(포사 알트나)나 물을 사용하지 않는 재래식 화장
실에서는 작업자가 삽이나 진공펌프(또는 유동펌프) 등으로 슬러지
를 제거하는 청소 시스템이 필수적이다.

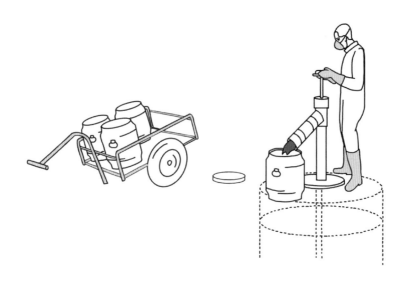

<그림 8.1> 인력 정화조 청소 및 수거 시스템 개념도
(modified from TILLEY et al., 2014)

슬러지가 물기나 점성이 있을 때에는 작업자가 접촉하면 건강적인 문제가 발생할 수 있으므로 수동펌프나 펌프차량을 이용한다.

배설물을 청소하는 데 개발도상국에서 사용하는 각종 펌프는 적정 기술이나 저비용으로 적용되는 분야들이다. 개발도상국에서 활용하면서 사용하는 제품으로는 Gulper, MAPET 등이 있으므로 인터넷 검색을 통해서 자세한 정보를 얻을 수 있고, 원하는 프로젝트 지역의 전문가를 만나 현지 정보수집이 필요하다.

슬러지 수동펌프를 직접 제작한다면 여러 설계 요소를 검토해야 하고, 기존의 제품을 참고하여, 현장에서 쉽게 구할 수 있는 자재를 이용하면 된다.

슬러지 수동펌프 중의 하나인 Gulper는 일반적인 수동펌프와 원

<그림 8.2> The Gulper
Inner valve on the bottom of the puller rod, the strainer to protect
the valve and workers who are pumping sludge out of a pit.
(Source: IaW, 2007)

리가 비슷하다. 파이프 끝 쪽을 저장조에 넣고 펌프질은 지상에서 한다. 핸들을 위로 올리고 내리는 등 밀고 당기는 과정을 계속함으로써 슬러지가 펌프를 따라 올라오면서 배출구로 빠져나오게 된다.

배출된 슬러지는 통이나 가방(bag), 수레 등에 직간접적으로 연결하여 외부로 이동을 한다. 수동펌프는 PVC 파이프와 철제 로드(steel rod)와 밸브류로 만들 수 있다. 모든 과정이 수작업으로 이루어지기 때문에 분뇨의 유해물질에 접촉 및 노출될 수 있는 위험을 가지고 있으므로 작업 효과와 더불어 안전을 검토하여 제작해야 한다.

MAPET(MAnual Pit Emptying Technology)라는 손수레에 진공탱크가 설치되어 있고, 수동펌프와 연결된 장치를 사용할 수 있다. 연결 호스와 슬러지 탱크에 연결되어 저장조에 슬러지를 올릴 수 있도록 한다. 수동펌프는 둥근 휠을 돌려서 사용하고, 배출되는 진공탱크의 공기로 화장실에 있던 슬러지 및 배설물들을 제거할 수

<그림 8.3> MAPET
equipment in Congo consisting of a hand-pump connected to
a vacuum tank mounted on a pushcart.
(Source: EAWAG/SANDEC, 2008)

있다.

MAPET는 슬러지를 약 3m 높이까지 펌핑 할 수 있다. 수동펌프
는 점성이 있는 액체류만 뽑을 수 있어 완벽하게 침전조를 비우는
것은 어렵다.

슬러지를 펌핑 할 때 고형물 쓰레기나 기름과 같은 물질이 포함
되어 있을 경우에는 장비에 막힘 현상이 발생하고, 화학적 첨가물은
펌프나 탱크, 파이프 등을 부식시킬 수 있으므로 주의가 필요하다.

수동펌프는 양동이(bucket) 제거 방식에 비해서 월등한 효과가
있고, 장비를 구비하고 지역에서 지속적이고 전문적인 비즈니스 모
델로 정착될 수 있다.

수동펌프를 이용하여 슬러지를 제거하는 방법은 좁은 골목으로
인해 진공펌핑차량(분뇨차량)이 접근할 수 없는, 인구나 가구들이

조밀한 지역에서 유리하다. 또한 노동력이 풍부하고 인건비가 저렴한 곳에서는 기계를 이용하는 것이 효율성은 높지만, 장비 운영에 따른 많은 비용이 소모되기 때문에 인력으로 배설물을 제거하는 경우가 효율적인 곳도 많다.

화장실 이용에 따른 수거 문제는 농촌보다는 도심지의 저소득층이 좁은 면적에 몰려 사는 곳일수록 심각할 수 있다.

저소득층 가구가 몰려 있는 도심지에서는 인력으로 배설물을 수거하고, 수거된 배설물은 다시 차량으로 옮겨서 중앙에서 처리하는 시스템을 갖추고 있는 경우가 있지만 이와 같이 인력을 활용한 수거 시스템은 정부의 정책이나 프로그램에 따라 좌우될 수 있다. 갑자기 정부에서 인력으로 사용하는 것을 기계식으로 제공할 수도 있고, 기계식 수거에 정부지원금을 주다가 멈추어 버리는 등 문제점들이 발생할 수 있다.

화장실 공급과 더불어 수거 시스템을 구축할 때에는 행정기관에서 면허제를 도입해서, 건강에 무해하도록 수거 인력인 장갑, 작업용 부츠, 작업복, 마스크 등을 구비한 작업자가 작업하도록 허가 규정을 만들어야 한다. 그리고 면허를 취득한 노동자라고 할지라도, 정기적인 건강검진 등을 통과한 사람만이 수거 시스템의 업무에 투입되도록 발전시켜야 한다.

인력으로 저장조를 비울 때 냄새를 줄이거나, 작업 효율을 높이기 위해 오일이나 화학물질의 이용이 공공연히 이루어지기도 한다. 하지만 이러한 첨가물이 완벽하게 안전한 물질로 판명된 것이 아니라면 화학물질의 이용은 작업자 건강을 위해서 권장하지 않는다.

수동펌프로는 완벽하게 저장조를 비우지는 못하기 때문에, 기계식에 비해 수거 주기가 빨리 돌아오지만, 저장조가 완벽하게 막혀

<그림 8.4> Gulper 관련 홈페이지

(https://www.engineeringforchange.org/solutions/product/the-gulper/)

있어 콘크리트 슬래브를 깨는 작업이 필요할 경우에는 작업 비용 효율성 측면에서 인력으로 배설물을 수거하는 시스템이 유리하다.

수동펌프로 슬러지를 제거하는 시스템은 청소, 수리, 소독과 같은 과정을 매일 관리하는 일일점검을 해야 한다. 수동펌프로 작업을 하는 작업자는 배설물 슬러지와 접촉을 막도록 하는 개인작업 도구나 작업복은 항상 깨끗하게 청소하거나 세탁을 하는 것이 필요하다.

인력으로 저장조를 청소하고, 수거하는 시스템의 장단점은 다음과 같다.

- 지역의 일자리를 만들어줄 수 있다.
- 구하기 편리한 자재를 이용해서 만들거나 수리가 가능한 간단한 펌프 구조로 되어 있다.
- 이동 거리에 따라 많은 차이가 나지만 저렴한 비용으로 운영할 수 있다.
- 하수도가 없는 지역에서도 화장실 저장조 청소 및 수거가 가능하다.
- 작업과정에서 냄새가 많이 발생하며, 건강상으로 위해할 수 있는 흘림 현상이 발생할 수 있다.
- 저장조에 따라 차이가 있지만, 큰 저장조의 경우에는 몇 시간이나 며칠이 걸려서 수거를 해야 될 경우가 있다.
- 화장실에 쓰레기가 있을 경우에는 파이프에 막힘 현상이 발생할 수 있다.
- 일부 부위는 용접 등으로 특별한 수리과정이 필요할 수 있다.

8.2. 기계식 저장조 청소 및 수거 시스템

모터와 펌프를 이용한 기계식 저장조 청소 및 수거 시스템은 대부분 트럭과 같은 이동이 가능한 운반구에 진공펌프와 수거된 대소변 슬러지를 저장하는 탱크로 이루어져 있다.

기계식 차량으로 운반 및 펌프를 이용하지만, 연결되는 호스를 이동하거나 호스를 저장조에 집어넣는 등의 저장조를 완벽하게 비우는 숙련된 인력들이 필요하다. 인력 수거 시스템처럼 작업자가 수동펌프를 가동하거나 운반하지 않는다.

배설물을 수거하는 트럭은 대부분 진공펌프트럭(Vacuum truck)으로 특별 제작되어 호스를 연결할 수 있는 접속장치가 설치되어 있고, 차량에 설치된 펌프를 통해서 차량동력을 이용해서 대소변 슬러지를 차량 탱크에 채울 수 있도록 되어 있다.

일반적으로 트럭을 이용하지만, 인구 밀도가 높은 지역에서 차량 진입이 어려운 경우에는 좁은 진입로 등에도 들어갈 수 있는 작은 크기로 만든 Vacutug, Dung Beetle, Molsta, Kedoteng 등과 같이 다양한 지역에서 지역 특색에 맞도록 개발된 것들도 있다.

일반적인 분뇨차량(진공펌프차량)의 저장용량은 3~12㎥이다. 특장차로 판매되는 진공펌프차량과 같은 전용 차량이 아니더라도, 펌

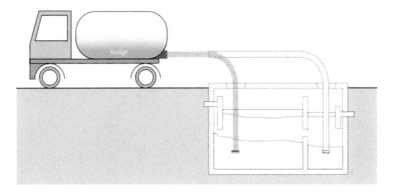

<그림 8.5> 트럭장착형 기계식 수거 시스템 개념도
(Source: TILEY et al., 2014)

프와 탱크로 제작하여 일반 트럭을 개조할 수 있다. 트랙터나 트레일러를 개조하여 1.5㎥ 정도의 용량의 탱크를 설치한 것도 있다. 도심 주변 빈민가와 같이 이동도로가 좁은 지역에서는 약 500～800ℓ 정도를 저장하는 용기를 가진 것도 있고, 작은 트레일러는 2개의 바퀴를 달거나 오토바이 같은 것에 부착하여 운반하도록 하는 것도 있다.

일반적으로 펌프는 2～3m 정도의 하부에서 끌어당길 수 있는 흡입력을 이용한다. 대부분의 저장조가 아주 깊지 않은 1～2m 정도에 설치되어 있고, 수거차량과 저장조의 거리가 최대 30m 이내가 되어야만 펌프가 끌어당기는 흡입력을 이용할 수 있다.

실제로 청소와 수거 시스템에서는 슬러지가 얼마나 조밀하고, 유동성이 있는지의 여부에 따라서 펌프 효율이 달라진다. 슬러지가 대부분 크지 않은 입자로 되어 있고, 액체가 많이 있다면 펌프 추출이 용이하지만, 저장조에 쓰레기나 모래와 같은 것이 들어 있으

<그림 8.6> Vacutug mini-tanker manufactured in Bangladesh
(Source: EAWAG/SANDEC, 2008)

면 펌프에 무리가 가게 되고, 추출하는 파이프가 막히는 현상이 발생하기 쉽다. 아주 용량이 큰 정화조의 경우에는 많은 트럭이 왔다 갔다 하는 경우가 발생한다.

진공펌프트럭을 활용한 수거 시스템은 수거하기 위해서 트럭을 주차하기 위한 적절한 위치를 찾는 데 어려움을 겪을 수도 있다.

대형 진공펌프트럭은 넓은 도로 및 진입로가 필요해서 접근이 어려운 경우가 많고, 비포장도로와 같이 도로 상태가 좋지 않은 곳에서는 사용하기 어려우므로, 지역적 특성에 적합한 운영이 필요하다. 만약 대형 진공펌프차량은 너무 멀리 떨어진 곳까지 운용한다면 실제 작업 시간이나 비용보다 이동·운반하는 연료와 이동 시간이 더 많아지는 문제가 발생하게 된다. 고가의 대형 진공펌프트럭 효율이 떨어지면 비용이 증가하게 되므로, 수거 시스템은 도심지 여러 곳

<그림 8.7> Kedoteng(인도네시아)

(https://www.facebook.com/kedoteng/photos/a.1666662303597001/1666660356930529/?type=3&theater)

에 두고 관할하는 구역을 정해서 이동 거리를 적정하게 배분하는 것이 중요하다.

　지역 특성에 따라 작은 장비들이 지역별로 수거하고, 대형 트럭이 수거된 대소변 슬러지를 한꺼번에 옮겨서 처리하는 것도 필요하다. 현장 여건에 따라서 수거 시스템은 수거 효율성, 이동 속도, 주거지의 경사도, 도로 사정, 집들 사이의 접근 도로 너비 등을 종합적으로 검토하여 수거 시스템 설계가 필요하다. 아무리 좋은 수거 시스템을 갖추더라도 일반 주민들의 저장조 청소 및 수거에 대한 수요가 많지 않을 경우에는 상업적 수거 시스템을 운용하는 한계가 발생한다.

화장실 시스템이 초기 도입환경이라면 Vacutug와 같이 작은 트레일러로 운영하는 것이 비용적인 측면에서 적절할 것이다. 수거 시스템은 지속적으로 일정한 이익이 나와야 하는 구조를 갖출 수 있도록 단순히 장비를 제공하는 것보다는 사회적 기업 창업까지 제공하는 시스템까지 접근해야 한다.

저장조 청소 및 수거 시스템을 도입할 때에는 공공기관이나 개인 회사의 수거비용의 가격을 공공기관에서 결정하는 것을 권장한다. 필요에 따라서 정부가 보조금을 주거나 사설 비즈니스에 혜택을 주는 등의 정책 방향이 동반된다면, 적절한 수거와 수거 처리하는 시스템의 선순환적인 구조 정착이 용이할 것이다.

진공펌프차량이 북미, 아시아, 유럽에서 대부분 생산되고 있어서, 개발도상국에서는 트럭이나 장비들의 수리 부속품을 확보하는 것에 어려울 수 있고, 수입 부품이나 장비들이 너무 비싸다는 단점이 있다.

중고차량으로 도입하는 경우에는 수리비용과 잦은 고장 등에 어려움을 겪을 수도 있다. 특히 차량을 운영하면 수익 발생과 더불어 타이어, 수리 부품, 각종 수리비를 확보하기 위해서 지속적으로 수리비용을 적립해서, 고장이 발생하거나 큰돈이 들어가는 수리에 사용할 수 있도록 해야 한다.

지역에 따라 수리 부품이 없거나 수리 시간이 많이 소요되어 진공펌프트럭을 운용하지 못하는 경우가 많이 발생할 수 있고, 무분별하게 화학첨가제 사용으로 장비가 부식되는 등 무리를 발생시켜 문제가 될 수 있다.

기계식 진공펌프트럭의 장단점은 다음과 같다.

- 빠른 시간에 위생적으로 대소변 슬러지를 수거할 수 있다.
- 진공펌프트럭을 이용하기 때문에 운송 효율이 높다.
- 진공펌프트럭 운영을 위해서 일자리가 창출될 수 있다.
- 정화조 등 하수도가 발달되지 않은 지역에서는 필수적인 서비스이다.
- 쓰레기가 들어 있거나 오래되어서 딱딱하게 된 경우에는 물을 첨가하는 등의 별도 조치가 필요하다.
- 차량을 운영·유지·관리하는 비용이 인력 시스템보다 더 많이 소요된다.
- 빈곤가구에서 진공펌프트럭을 활용한 서비스의 비용이 비싸서 이용을 못 하는 경우가 발생한다.
- 모든 장비의 부속이나 부품들이 수입품이기 때문에 수리 기간 및 비용 등이 많이 발생한다.
- 진입로, 도로 등의 외부 요인에 따라서 많은 영향을 받는다.

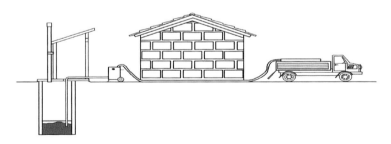

<그림 8.8> 이동형 펌프와 운반트럭 활용

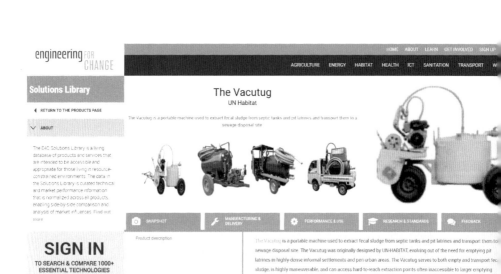

<그림 8.9> Vacutug 관련 홈페이지
(https://www.engineeringforchange.org/solutions/product/the-vacutug/)

제9장

손 씻기

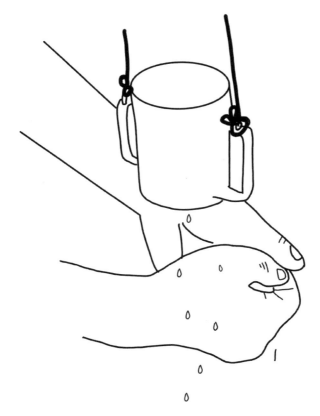

<그림 9.1> 간이 손 씻기 개념도

손 씻기는 화장실을 사용할 때, 질병을 줄이는 가장 중요한 인자 중의 하나이다. 손 씻기로 화장실이나 대변·소변으로 인해 손에 묻거나 손에서 증식하는 병원균을 제거할 수 있다. 수인성 전염병의 예방과 개인위생 향상을 위해 가장 직접적인 영향을 미치는 것이 손 씻기이다.

손 씻기 시설은 화장실 옆에 설치해서 적절히 운용하는 것이 병원균을 가장 빨리 제거하는 방법이다. 상수도를 활용하여 세면대에서 수도꼭지를 이용하는 것이 가장 좋은 방법이지만, 개발도상국과 같이 상수도의 활용이 원활하지 않은 지역에서도 적절한 손 씻기 시설은 필요하다.

용수 공급이 원활하지 않은 지역에 간이 손 씻기 방법은 간단하고 비용이 많이 발생하지 않지만, 손을 씻기 위한 물을 자주 채워야 되는 불편함이 많다는 단점이 있다.

플라스틱 컵이나 깡통캔을 활용하여 아래에 구멍을 뚫어서 사용하는 시스템을 주로 사용한다. <그림 9.2>와 같이 손 씻는 물을 활용해서, 꽃이나 나무를 키울 수 있는 화단을 만들어서 씻은 물을 재활용할 수 있다.

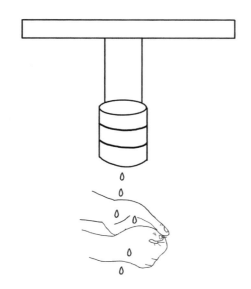

<그림 9.2> 화단을 활용한 손 씻기 개념도

실제로 아프리카 지역에서 사용하는 것은 <그림 9.3>과 같다. 다양한 형태의 물을 사용하는 실제 사례들이다.

A simple tin can hand washing device

Using the tin can hand washing device

Adding water to the tin can

Tin can with a single hole

<그림 9.3> 다양한 손 씻기 사례들
(Source: Peter Morgan, 2007)

콜라병이나 생수병을 이용해서 뚜껑에 구멍을 내고 아래와 윗부분을 끈으로 묶어서 사용한다. 평상시에는 구멍이 있는 윗부분을 향하고, 사용할 때에는 구멍을 아래 방향으로 흐르도록 한다.

<그림 9.4>와 같이 여러 개의 물통을 걸어 놓아 여러 사람이 사용하도록 하고, 한 개가 완전히 비워지더라도 다른 것을 사용할 수 있도록 한다. 학교와 같이 사람들이 많이 사용하는 화장실에서 옆에는 비누와 손 씻는 시설을 같이 설치하여 개인위생을 높여야 한다.

다양한 형태로 화장실 여건에 적합한 형태로 손 씻기 시설을 설치하면 된다.

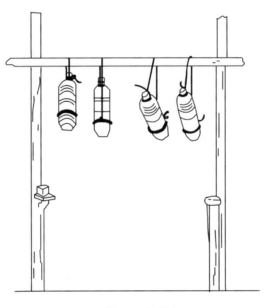

<그림 9.4> 손 씻기
(Modified from C-change)

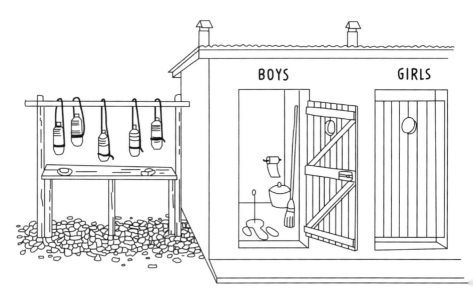

<그림 9.5> 화장실과 손 씻기
(Modified from C-change)

제10장

하수망 시스템

(Sewerage)

일반 가정에서는 생활하수, 화장실 폐수, 빗물 등 다양한 하수가 발생할 수 있다. 이러한 하수처리는 지역사회 보건위생에 아주 중요한 역할을 한다.

화장실에서 나오는 폐수를 처리하는 것은 결국 다양한 하수도와 연결되므로 본 장에서는 하수도 처리 시스템에 대한 소개를 한다.

개발도상국에서는 전통적인 하수망(conventional sewers), 우수·하수 분리 하수망(separate sewers), 간단 하수처리 시스템(simplified and condominial sewers), 정화조를 이용한 고체가 없는 방식(solid-free sewers), 가압 하수 방식(pressurised sewers), 진공 하수 방식(vacuum sewers), 개수로 하수 방식(open channels and drains) 등이 운영되거나 적용할 수 있다.

10.1. 전통적 하수망 시스템(Conventional Sewers)

대부분 도심 지역에는 지중 파이프로 구성된 대형망(large networks) 시스템에 빗물, 생활하수, 화장실 등의 각종 폐수를 수집한다.

전통적인 시스템은 본선(main line), 지선(branch line), 가구 측선(house laterals)으로 구성된다. 본선(main line)은 도심 전체에 중심라인으로 하수도를 만들고, 지선(branch line)으로 가구들이 있는 지역으로 분기된다. 각 가구들은 가구 측선(house laterals)으로 하수망의 지선(branch line)과 연결된다.

전통적인 하수망 시스템은 각종 하수는 가정에서부터 중력으로 중앙하수처리 시스템까지 이동된다. 지형에 따라서는 중간에 펌핑(pumping) 시스템이 필요하다. 일반적으로 맨홀은 1.5~3m 깊이에 설치한다. 본선(main line)들이 퇴적물이 쌓이지 않도록 하수가 흐르는 유속에 의해서 퇴적물이 자가 청소되는 방식으로 설계해야 한다.

맨홀은 전문가들에 의해서 설계·설치·관리되어야 한다. 정기적인 점검과 청소를 통해서 맨홀이 기능을 유지되도록 하고, 폭우 시에는 맨홀에서 물과 퇴적물이 넘쳐 나오지 않도록 여유 수량 등을 고려해서 설계한다.

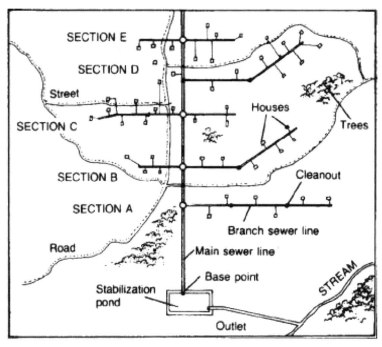

<그림 10.1> 하수도 시스템 계통도
(Source: USAID, 1982)

전통적인 하수처리 시스템은 지역의 보건위생을 지키고, 냄새, 모기, 파리를 저감시키고 가정하수 처리 문제해결에 많은 도움을 주지만, 건설비용이 많이 필요하고, 상수도가 일정하게 공급되는 지역에서 가능하다. 또한 도심지에서 가구 밀도나 가구수가 너무 많은 지역에서는 관리하기가 어렵다. 전통적인 하수망 시스템을 관리하기 위해서는 전문 인력이나 회사 등이 필요하다.

전통적인 방식보다 더 발전된 하수처리 방식은 빗물과 하수를 분리하는 우수·하수 분리 시스템(Separate Sewers)이다. 우수·하수 분리 시스템은 빗물이 가는 우수라인(line)과 하수가 움직이는 하수라인(line)이 분리되어야 되므로, 많은 건설비용이 필요하다. 그렇지만, 깨끗한 빗물을 분리함으로써 하수의 처리 용량을 저감시켜 주고, 폭우 등이 발생할 경우에도 우수라인에 대한 관리를 통해 보다 효과적으로 대처할 수 있다.

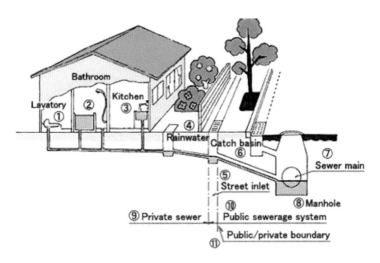

<그림 10.2> 전통적 배수 시스템 단면
(EWAG/SANDEC, 2008)

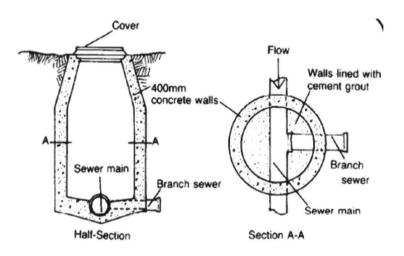

<그림 10.3> 하수 맨홀 단면도
(USAID, 1992)

10.2. 단순 하수도(Simplified Sewer)

단순 하수도는 도심 전체를 체계적으로 연결한 전통적인 하수도에 비해 수도 경사가 낮고, 얕은 깊이에 소구경 파이프를 넣어서 하수도끼리 연결하는 시스템이다. 단순 하수도는 설계나 운영 부분에서 비교적 저렴한 비용이 소요된다.

개념적으로 단순 하수도(simplified sewerage)와 전통적인 중력하수도(conventional gravity sewerage)는 똑같지만, 단순 하수도는 예산과 시간 등을 절약하기 위해서, 지역에 따라 필수적이지 않은 하수도 시스템 요소를 설치하지만 비용을 줄이면서 지역에 특화된 방식으로 만드는 것이다.

전통적 하수도 방식에서는 주택의 앞마당이나 뒷마당을 거쳐서 파이프를 도로에 설치된 하수도관까지 길이를 조정하면서 연결한다. 가구가 밀집되고, 가구 진입로에 하수도를 만들 수 없는 가구는 인접된 다른 가구들을 통과해서 하수도를 설치해야 한다.

가구 진입로로 하수도 설치가 불가능한 경우에는 통행량이 적은 좁은 길이나 포장된 인도 등을 따라 설치해야만 한다. 단순 하수도는 최소한의 얕은 깊이로 설치하기 때문에 차량 통행 등이 많은 도로에는 부적합하다.

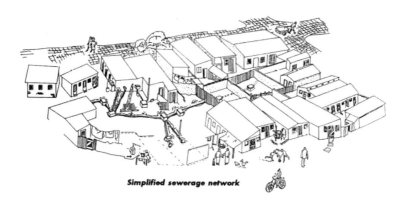

Simplified sewerage network

<그림 10.4> 단순 하수도 모식도
(Source: EAWAG and SANDEC, 2008)

단순 하수도는 중력하수도의 시스템에서 중요한 필수 기능만을 하도록 설치하는 것으로 설계 검토에 주의를 기울여야 한다. 전통적인 하수도는 최소 자가세척이 가능한 속도가 나오도록 설계기준을 정하지만, 단순 하수도는 가장 많은 물의 양이 나온다고 가정할 때 피크플로우(peak flow)가 잡아당기는 압력이 최소 $1N/m^2$(1Pa)가 나올 수 있도록 한다. 최소 피크플로우(peak flow)는 1.5L/s이고, 하수도 최소 지름은 100mm가 되어야 한다.

파이프의 경사는 일반적으로 0.5%가 적당하다. 예를 들어 직경 100mm 하수도를 놓는다면, 200m의 구간에서 양쪽 높이차를 약 1m를 두고, 2,800명 정도가 60L/인/일으로 폐수를 배출하면 된다.

단순 하수도 시스템은 PVC 파이프를 사용하고, 하수도라인의 매설 깊이와 매설 구간은 무거운 물체가 지나가는 교통량에 따라 결정하면 된다. 교통량이 많지 않거나 무거운 물체가 지나가지 않는 인도와 같은 지역은 보통 40~65cm 깊이에 하수도 파이프를 설치하면 된다.

손을 씻거나 샤워 등에 사용하는 중수도는 하수도에 적절하게 배출되지만, 태풍이나 폭우시 우수가 하수도로 들어갈 경우에는 용량이 초과할 수 있으므로 연결하지 않도록 한다. 현실적으로 비가 올 때나 물이 차 있을 때의 우수는 우수로를 설치하지 않고는 배제하는 것이 어려우므로, 하수도를 설치할 때에는 폭우 등에 의해서 발생하는 양과 지역적 여건을 고려하여, 여유롭게 용량을 설계해야 한다.

단순 하수도는 모든 주민들의 가구에 설치되어야 하지만, 인구밀집도가 높은 도심 지역에서는 부지 부족으로 설치하기 어려운 경우가 많이 있다. 단순 하수도는 60L/인/일을 기준으로 150명의 사람에 1ha(100×100m) 정도에 설치하는 것이 적절하다.

암반으로 된 지반이나 지하수위가 높은 지역은 굴착 자체가 어려우므로 단순 하수도 설치에 어려움이 있다. 암반심도가 지표와 가까운 지역에서는 굴착이 편한 지역에 비해서 하수도 설치비용이 상당히 많이 소요된다. 일반적으로 재래식 하수도에 비해서 단순 하수도는 20~50%가 더 저렴하다.

잘 만들어지고, 운영이 잘되는 단순 하수도는 보건학적으로 안전하게 오폐수를 운반시킴으로써 주민들의 건강에 도움을 준다. 단순 하수도를 운영할 때 수시로 점검구(inspection chamber)의 이물질을 제거해 시스템을 구축하는 노력이 필요하다.

모든 가정에서 연결되는 부분에 점검구(inspection boxes)를 설치한다. 주방과 연결되는 하수도에서는 오일(oil)이나 그리스(grease)와 같은 물질이 분리되도록 오일트랩(Grease trap or Oil trap)을 설

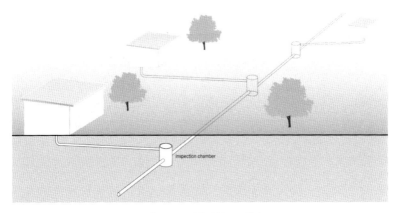
inspection chamber

<그림 10.5> 단순 하수도 개념도
(TILLEY et al., 2008)

치하여 하수도 파이프 내에서 오일(oil)이 말라붙어서 하수도 막힘
현상이 발생되지 않도록 한다. 평소 튀김요리를 많이 먹는 식습관
을 가진 지역에서는 오일트랩을 설치하고, 식용유는 하수도로 버리
지 않도록 교육·홍보하여, 막힘 현상을 최소화해야 한다.

　사용자들을 다양한 캠페인을 통해 교육을 시키고, 책임감을 부여
하여, 폐수에 이물질이 들어가는 것을 막는 것이 필요하다. 주기적
으로 하수도 연결파이프 막힘 현상 발생 여부를 점검하고, 이물질
을 제거하거나 하수도관 내부를 물로 세척해야 한다. 막힘 현상이
발생하는 곳에서는 설치된 청소구(cleanout)에 철사나 와이어를 이
용해서 하수도관 내부를 청소할 수 있다.

　이상적으로는 가구마다 정화조와 주방을 지나 있는 점검부
(inspection chamber) 앞에 오일트랩(oil-trap)을 설치하면 아무런 문
제가 발생하지 않지만, 현실적으로 각 가구의 점검부마다 오일트랩

을 설치하기 어렵기 때문에 각종 이물질로 막힘 현상이 발생하면, 막힘이 발생하는 부위를 찾기 위해서 많은 노력과 비용이 소요되기도 한다. 마을 단위로 설치하는 경우에는 별도의 하수도를 관리하는 조직이나 회사를 두어서 유지보수 하도록 하는 것이 편리하다.

단순 하수도의 장단점은 다음과 같다.

- 전통적 하수도에 비해서 경사도가 낮고, 얕은 깊이에 설치된다.
- 전통적 하수도에 비해서 설치비용과 운영비용이 적게 소요된다.
- 마을의 성장에 따라서 추가해서 설치할 수 있다.
- 중수도를 동시에 관리할 수 있다.
- 주요 처리 부분이나 맨홀 등을 설치할 필요가 없다.
- 전통적 하수도에 비해서 좀 더 자주 막힘 현상이 발생하기 때문에 자주 청소를 하여야 한다.
- 하수관들이 깊지 않게 묻혀 있으므로, 파손에 대한 위험이 전통적 하수도보다 높다.
- 단순 하수도망의 요소를 검토하기 위해서 경험이 많은 전문가의 설계와 시공이 필요하다.
- 하수도의 연결배관을 통과할 때에는 폐수들이 누수로 인해 지하수로 유입될 가능성이 있다.

<그림 10.6> 청소구를 포함한 접합부(오른쪽), 청소구가 없는 접합부(왼쪽)

(MARA, 2001)

<그림 10.7> 직경이 큰 콘크리트 링을 이용한 모이는 부분(과테말라)
(MARA and SLEIGH, 2001)

10.3. 침전 하수도(Solid free Sewers)

　침전 하수도 시스템은 전통적인 하수도 시스템과 비슷하지만, 중앙 시스템에 연결되기 전에 가구에서 이물질을 1차 침전시켜 하수망에 연결한다. 이물질을 제거하는 정화조를 거치기 때문에 메인 하수파이프에 막힘이 발생할 가능성이 상대적으로 낮아진다. 침전 하수도 시스템의 장점으로는 중앙하수도 파이프에 이물질을 제거하는 속도를 가질 필요가 없기 때문에 설계가 용이하다는 장점이 있다.

　자체적으로 이물질을 제거하는 유속을 가질 필요가 없으므로, 얕은 깊이에 설치가 가능하고, 수리경사가 급하지 않아도 된다. 또한 많은 점검구가 필요 없으므로 본선(main line)을 설치하는 데 예산이 절약된다. 침전하수도 시스템은 전통적인 방식에 비해서 일반적으로 20~50%의 예산을 절감할 수 있다.

　전통적인 방식에는 물에 다양한 고형물이 같이 포함되기 때문에, 갑자기 집들이 많아져서 가구가 증가하면 하수도도 비례하여 증가하게 된다. 용량을 초과한 하수가 들어오면 하수에 포함된 다양한 작은 이물질들이 증가되어, 막힘 현상이 발생할 가능성이 높아진다. 그렇지만 각 가정마다 침전조를 거치면 상대적으로 이물질 발생이 적어서, 영향을 적게 받을 수 있다.

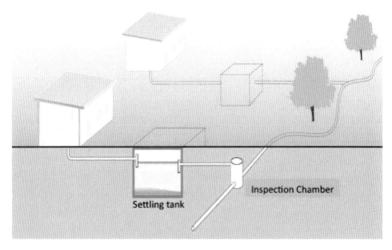

<그림 10.8> 침전 하수망 개념도
(TILLEY et al., 2008)

가구마다 정화조를 설치함으로써 대규모의 중앙 하수도 공사를 할 필요가 없기 때문에, 하수도 시스템 구축이 편리하고, 가구들이 급속히 많아지더라도 물의 양만 추가되는 것이므로 상대적으로 쉽게 운영할 수 있다는 장점이 있다.

그렇지만, 침전하수도 시스템은 각 가구마다 적정한 관리를 해야 되고, 중력식으로 설계된 재래식 하수도에 비해서 막히는 발생 빈도가 낮지만, 완벽한 시스템은 없으므로 주기적인 이물질 제거하는 청소와 같은 유지 관리가 필요하다.

10.4. 개수로와 배수(Open channels and drains)

개방형 수로 또는 배수 시스템은 일반적으로 크기가 작은 배수관들로 연결된 보조 시스템과 메인 시스템으로 구성되며, 우기 동안에 강수로 인한 홍수 위험을 줄일 수 있다. 비와 폭풍우 때 물을 배수하는 가장 기본적인 방법은 완전히 개방된 개수로(open channels)를 활용하는 것이다.

배수 시스템은 배수간선들이 주요 배수구에 접속되는 시스템으로 구성된다. 각 구역은 단일 건물에서 여러 블록의 주택에 있는 작은 유역에서 접속한다. 용량이 작은 배수 간선들은 도시 전체에 퍼져 있는 주요 배수구로 하수를 모은다. 주요 배수구(main drainage)는 일반적으로 강이나 하천과 같은 자연 배수로와 연결된다.

비로 인해 침전되는 모든 우수들이 배수 시스템에 의해서만 제거되는 것은 아니다. 강수의 일부는 자연적으로 땅속으로 침투하고, 일부는 웅덩이와 같이 모여 있는 곳에서 증발한다. 폭풍우 동안은 증발이 많이 발생하지 않으므로, 배수구 크기를 계산할 때 유출계수는 지표면의 침투용량을 기반으로 한다.

가파른 경사 또는 평평한 지형의 경사, 지붕과 도로포장 등 비가

<그림 10.9> 주요 배수구(Primary drainage system) 멕시코시티
(Source: WALDWIND)

내리는 지역의 토지 사용 및 강우 강도 및 패턴에 따라 침투용량이
달라진다.

배수로는 5년 주기 최대 강수량을 고려한 주요 배수 시스템
(primary drainages system)인 간선배수로와 3년 주기 최대 강수량
을 고려한 지선배수로 등을 설계해야 한다. 너무 크게 설계하면 공
사를 위해서 많은 비용을 소모하게 된다.

일반적으로 5% 이상인 경사는 가파른 것으로 간주된다. 가파른
지형에서 침식으로 배수구가 손상될 수 있으므로, 배수로 물의 흐
름 속도를 조절할 수 있는 경사 배수로를 설치하는 것이 필요하다.

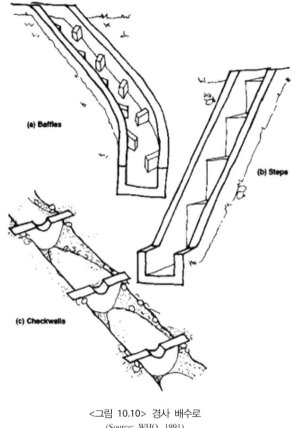

<그림 10.10> 경사 배수로
(Source: WHO, 1991)

경사 배수로는 <그림 10.10>과 같이 칸막이형(baffles), 계단식 (steps)이나 벽체를 세우는 체크 벽형(check wall)으로 구분할 수 있다. 경사 배수로는 벽과 계단 형태로 물 흐름 속도를 늦출 수 있다. 체크 벽형(check wall) 배수로는 침전물이 계속 쌓이면 계단 형태의 배수로가 된다. 체크 벽(check wall)은 침전물이나 물의 흐름으로 설치 형태가 변형되지 않도록 땅에 잘 설치해야 한다.

배수에 취약한 평지 저지대에서는 홍수가 일어날 경우 상대적으로 높은 수위로 인해 문제가 발생한다. 배수구를 따라 물이 흐를 때 배수구를 놓을 수 있는 제한적 경사 때문에 유속이 느리고 비효율적일 수 있다. 특히 지하수위가 지표와 가까운 높은 지역에서는 깊은 배수로를 파는 데 어려움이 있으며, 충분한 배수 통로를 갖기 위해 배수구 폭을 넓혀야 한다. 또한 넓은 배수로에서는 모기와 같은 해충이 번식할 수 있는 웅덩이 형성 등 위생적으로 위험 요소가 된다. 경사면에 좁은 바닥의 배수채널을 설치하면 수로의 수위에 관계없이 일정한 유속을 유지하는 데 도움이 된다.

바닥이 좁은 중앙수로 또는 cunette(쿠넷)은 건조한 날씨와 적당한 비에서 흐름을 전달하는 반면, 외부 채널은 때때로 심한 홍수가 났을 때의 흐름을 용이하게 한다. 외부 채널 바닥은 가급적 중앙 채널까지 완만하게 아래로 기울어야 한다.

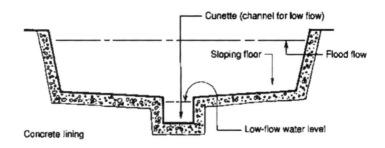

<그림 10.11> 평지 배수로
(출처: WHO, 1991)

도로 밑에 설치하는 지중 하수도 시스템과 비교하여 개방형 배수구는 저렴한 방법이다. 매우 가파른 경사 지역에서 속도를 늦추는 경사 배수로 제작비용은 평편한 지역보다는 많이 소요된다. 마을 단위에서 배수로를 설치할 때 마을 주민의 자발적인 노동을 확보한다면 예산을 절감할 수 있다.

개방형 배수로의 연간 유지비용은 하수도 시스템의 건설비용의 약 8% 정도가 된다(WHO, 1991). 개발도상국에서는 배수구에 쓰레기가 없도록 유지하는 것이 쉽지 않다. 특히 배수구에 별도로 쓰레기를 치우는 시스템이 없을 경우에는 고형폐기물 폐수, 가정용 중수, 수세식 화장실 분변들이 배수구로 모이게 된다. 배수구에 있는 쓰레기는 모기나 파리의 서식지가 될 수 있고, 많은 병원성 미생물들의 서식으로 인해서 악취를 유발한다. 배수구를 청소하는 직업은 선호되는 직업은 아니지만, 공중보건을 위해서 꼭 필요한 직업이다.

<그림 10.12> 유지보수 관리
(출처: SANIMAS, 2005)

개방형 배수로 시스템의 운영 유지보수에 관련된 업무는 일상적인 배수 청소, 결함 및 막힘 통보, 반기별 검사, 수리 및 유지보수 비용 등 하수구 관리를 위한 조례 등을 제정하는 것이 있다. 만약, 배수로가 막혀 물이 넘치면 주변 지역에 더러운 물이 퍼져서 보건위생에 문제가 발생하므로, 외부 쓰레기가 최소한으로 유입되도록 콘크리트 슬래브 뚜껑을 덮는 것이 방법이다.

<그림 10.13> 개수로 쓰레기와 오염물질(네팔 방갈로르)

(출처: BARRETO, 2009)

참고 자료 및 문헌

1. 개요

CAWST, 2012, Biosand Filter Construction Manual
http://www.cawst.org/en/resources/pubs/training-materials/file/212
-bsf-construction-manual-complete-2012-eng

WHO, 2011, Guiideline for drinking-water quality

환경부, 2016, 상수도 통계(2015년)
http://www.me.go.kr/home/web/index.do?menuId=129

WHO, 2013, Household water treatment and safe storage,
Manual for the participant

Cairncross S., Feachem R. G., Environmental Health
Engineering:, 2nd edition. John & Wiley Sons, Chichester: 1983.
Infectious diseases (3-20), Water chemistry (21-27), Water quality
standards (29-43), Environmental Modifications (217-272),

Checklist of water-related diseases (285-290)

WHO, The minimum quanity of water needed, website
http://www.who.int/water_sanitation_health/emergencies/qa/emerg
encies_qa5/en/

WEDC, 2013, How much water is needed in emergencies
http://www.who.int/water_sanitation_health/publications/2011/WH
O_TN_09_How_much_water_is_needed.pdf

2. 화장실 설치 및 계획

Overview on the different functional unit described in the
SSWM toolbox and how they are interlinked. Source: SPUHLER,
2010

https://www.sswm.info/sites/default/files/toolbox/SPUHLER%202
010%20Overview%20on%20Sanitation%20Systems.jpg

3. 퇴비형 화장실

SuperManu - Own work Inspired by Peter Morgan, Toilets that
make compost: Low-cost, sanitary toilets that produce valuable
compost for crops in an African context, EcoSanRes, Stockholm

Environment Institute, 2007, ISBN 978-9-197-60222-8, figure 2.1, page 3

https://commons.wikimedia.org/w/index.php?curid=4958163

SusanA Secretariat, Citrus frut planted on Arborlo pit

https://www.flickr.com/photos/gtzecosan/5566954683

TILLEY et al., 2014, Compendium of Sanitation Systems and Technologies - 2nd Revised Edition

Fossa alterna in Arba Minch, Ethiopia - Photo taken by Wudneh Ayele Shewa

https://www.flickr.com/photos/gtzecosan/6626714367

AIDG, Urine-diverting dry Comprosting toilet in Petite Anse

https://www.flickr.com/photos/aidg/2167568830

C. Rose, A. Parker, B. Jefferson and E. Cartmell, 2015, The Characterization of Feces and Urine: A Review of the Literature to Inform Advanced Treatment Technology, Crit Rev Environ Sci Technol

https://www.ncbi.nlm.nih.gov/pmc/articles/PMC4500995/

Urine-diverting dry toilet (UDDT), Eawag

https://www.sswm.info/node/8225

Lifewater, 2011, Latrine Design and Construction

4. 일반형 화장실

WEDC, 2002, Emergency Sanitation
http://helid.digicollection.org/en/d/Js2669e

5. 수세식 화장실

유기영, 김영란, 분뇨정화조 이용실태 분석을 통한 분뇨수거량 저감가능성 평가, 2010, 서울시정개발연구원

EPA, Homeowner's guide to Septic Systems
https://www3.epa.gov/npdes/pubs/homeowner_guide_short.pdf

Septic Tank, Eatwag
https://www.sswm.info/arctic-wash/module-4-technology/further-reseources-wastewater-treatment/septic-tank

Alexander Bakalian et al., 1994, Simplified Sewerage Design Guidelines, UNDP

https://www.pseau.org/outils/ouvrages/wsp_world_bank_simplifie
d_sewerage_design_guidelines_1994.pdf

TILLEY et al., 2014, Compendium of Sanitation Systems and
Technologies - 2nd Revised Edition

Berndard DUPONT Water Hyacinths(Eichhornia crassipes)
https://www.flickr.com/photos/berniedup/28661786773

좀개구리밥(duckweed) by Mokkie (wikimedia commons)
https://commons.wikimedia.org/wiki/File:Common_Duckweed_(L
emna_minor).jpg

6. 수상 화장실

Handy Pod의 설치 모습 (www.wetlandwork.com)
https://wetlandswork.com/products-and-services/sanitation-in-chall
enging-environments/handy-pods

https://www.theguardian.com/global-development/2017/feb/15/saf
e-toilets-help-flush-out-disease-in-cambodia-floating-communities-to
nle-sap-lake

7. 장애인 화장실

Lifewater, 2011, Latrine Design and Construction

8. 정화조 청소

http://archive.sswm.info/print/1567?tid=708

IaW, 2007, The Gulper: Inner valve on the bottom of the puller rod, the strainer to protect the valve and workers who are pumping sludge out of a pit

MAPET equipment in Congo consisting of a hand-pump connected to a vacuum tank mounted on a pushcart

Source: EAWAG/SANDEC, 2008

TILLEY et al., 2014, Compendium of Sanitation Systems and Technologies - 2nd Revised Edition

EPA, A Homeower's Guide to Septic system

https://www3.epa.gov/npdes/pubs/homeowner_guide_short.pdf

9. 손 씻기

WEDC, 2002, Emergency Sanitation
http://helid.digicollection.org/en/d/Js2669e

Peter Morgan, 2007, Toilets That Make Compost Low-cost, sanitary toilets that produce valuable compost for crops in an African context

C-change, Considerations for Building and Modifying Latrine for Access
http://www.washplus.org/sites/default/files/latrines-access.pdf

10. 하수망 시스템

https://sswm.info/sanitation-systems/sanitation-technologies/simplified-and-condominial-sewers

SSWM(Sustainable Sanitation and Water Management), Sewer Systems, Beat Stauffer, seecon international gmbh
https://sswm.info/sites/default/files/ppts/STAUFFER%202012%20Sewer%20System%20120720.ppt

WALDWIND (Editor) (n.y.): Prohibido tirar basura - El Gran

Canal

http://www.panoramio.com/photo/53653097

https://sswm.info/sswm-university-course/module-2-centralised-an
d-decentralised-systems-water-and-sanitation/further/open-channels-a
nd-drains

WHO (Editor) (1991): Surface Water Drainage for Low-
Income Communities. Geneva: World Health Organisation (WHO)
http://www.bvsde.paho.org/bvsacd/who/draina.pdf

SANIMAS (Editor) (2005): Informed Choice Catalogue. pdf
presentation. BORDA and USAID

WHO, 1992, A Guide to the Development of on-Site Sanitation

손주형

(현) 한국농어촌공사 환경지질처 근무
이학박사 부경대학교 (지하수 환경)

케냐 타나강 식수개발사업 PMC 단장
탄자니아 도도마 및 신양가지역 식수개발사업 PMC
캄보디아 농촌개발 정책 및 전략수립사업 PMC
에티오피아 티그라이주 식수개발사업 PMC
필리핀 MIC(농공단지) 개발사업 기초조사
아르헨티나 농업현황 조사
가나 농업협력개발 사업 개발조사
D.R. 콩고 자원연계 협력사업 개발 조사
인도네시아 수력발전용 댐 예비조사
라오스 무상협력사업 실시조사
파푸아뉴기니 워터펌프 프로젝트 실시조사
베트남 토양정화분야 시장개척 조사
이집트 지하수 현황 조사
페루 대용량 지하수 개발 현황 조사
미얀마 중부 건조지역 지하수 관련 현황조사
이란 지하수 이용분야 현황 조사
라오스 캄보디아 아시아 다국가 현지 역량강화 전략 현지 연수 강의
볼리비아 기후변화 대응 현지 역량강화 현지 연수 강의

저서
개발도상국 식수개발(Water Supply System)
빗물집수시스템(RainWater Harvest System)
지구 반바퀴 너머, 아르헨티나
중국의 작은 유럽, 칭다오
잠보, 탄자니아
아빠 함께 가요, 케냐
에티오피아, 천 년 제국에 스며들다

블로그: blog.naver.com/jhson9

개발도상국 보건위생(화장실)

초판인쇄 2021년 8월 20일
초판발행 2021년 8월 20일

지은이 손주형
펴낸이 채종준
펴낸곳 한국학술정보㈜
주소 경기도 파주시 회동길 230(문발동)
전화 031) 908-3181(대표)
팩스 031) 908-3189
홈페이지 http://ebook.kstudy.com
전자우편 출판사업부 publish@kstudy.com
등록 제일산-115호(2000. 6. 19)

ISBN 979-11-6603-494-7 93540